Schriftenreihe der
Jungen Akademie der Wissenschaften und der Literatur | Mainz

Nr. 3

Markus Wübbeler / Kristina Lippmann /
Désirée Wünsch / Dominic Docter (Hrsg.)

Lost in Translation?
Translationsforschung in den Lebenswissenschaften

Beiträge des Symposiums vom 1. Februar 2018
in der Akademie der Wissenschaften und der Literatur, Mainz

AKADEMIE DER WISSENSCHAFTEN UND DER LITERATUR • MAINZ
FRANZ STEINER VERLAG • STUTTGART

Bibliografische Information der Deutschen Nationalbibliothek

Die Deutsche Nationalbibliothek verzeichnet diese Publikation in der Deutschen Nationalbibliografie; detaillierte bibliografische Daten sind im Internet über <http://dnb.d-nb.de> abrufbar.

ISBN: 978-3-515-12284-9 (Print)

ISBN: 978-3-515-12287-0 (E-Book)

Druck: Druckerei & Verlag Steinmeier GmbH & Co. KG, Deiningen

Gedruckt auf säurefreiem, chlorfrei gebleichtem Papier

Printed in Germany

Inhalt

Vorwort

Markus Wübbeler, Kristina Lippmann,
Désirée Wünsch, Dominic Docter

Die Junge Akademie | Mainz wurde im Jahr 2016 als integraler Teil der Akademie der Wissenschaften und der Literatur | Mainz ins Leben gerufen. Als wichtigstes Nachwuchsförderformat der Mainzer Akademie möchte die Junge Akademie Nachwuchswissenschaftlerinnen und Nachwuchswissenschaftlern eine Plattform bieten, mit deren Hilfe sie ihre berufliche Laufbahn sowie ihr wissenschaftliches Netzwerk unter Beachtung der akademischen Fächervielfalt weiterverfolgen und ausbauen können. Neben der Förderung des Netzwerks und der Pflege wissenschaftlicher Exzellenz liegt ein besonderes Augenmerk der Jungen Akademie in der Förderung von Interdisziplinarität. Mithilfe von inter- und transdisziplinären Wissenschaftsformaten sollen neue Ansatzpunkte für die Lösung gesellschaftsrelevanter Probleme gefunden werden. Im Jahr 2017 gründeten vier Mitglieder der Jungen Akademie hierzu eine Arbeitsgruppe, die Gruppe *Lost in Translation*. Die Mitglieder der Arbeitsgruppe verbindet die Frage, welche Prozesse hinter einer erfolgreichen Translation wissenschaftlicher Grundlagenforschung in anwendungsbezogene Kontexte stehen. Denn trotz intensivierter Bemühungen, gewonnene Erkenntnisse aus der Grundlagenforschung zur Anwendung zu bringen, besteht häufig eine Lücke zwischen dem theoretisch verfügbaren und dem tatsächlich genutzten Wissen. Eine Folge ist die Verzögerung wissenschaftlicher und gesellschaftlicher Entwicklungen, was angesichts der drängenden Herausforderungen unserer Zeit zu einem immanenten Problem wird.

Als Translationsforschungsgruppe haben wir uns auf einen gemeinsamen Weg begeben, um dieses Problem aus den Blickwinkeln der Biologie, Medizin und den Pflegewissenschaften zu betrachten. Nach ersten gemeinsamen Treffen in der Akademie der Wissenschaften und der Literatur | Mainz haben wir unseren Austausch intensiviert, und wir begannen, unsere individuellen und gemeinsamen translationalen Forschungsinteressen im Rahmen von Vorträgen, u. a. am Deutschen Historischen Institut in Rom, zu präsentieren. Dieser erste öffentliche Schritt motivierte uns, das Thema der Translationsforschung weiterzuverfolgen und ein Symposium mit namhaften Wissenschaftlerinnen und Wissenschaftlern auf dem Gebiet zu organisieren. Ziel des Symposiums war es, Experten aus der Krebs-, Versorgungs- und neurologischen Forschung sowie aus Politik und Wirtschaft zusammenzubringen. Anhand dieser Expertenvorträge und Diskussionen sollte ein fächerübergreifender Austausch über Probleme, aber auch Potentiale der Translationsforschung gefördert werden. Durch die großzügige Unterstützung seitens der *Fritz Thyssen Stiftung* und der *Kalkhoff-Rose-Stiftung* konnten wir dieses Symposium schließlich am 1. Februar 2018 in den Räumlichkeiten der Mainzer Akademie ausrichten.

Als Eröffnungsredner durften wir Volker Mosbrugger, Träger des Leibniz-Preises und Generaldirektor der Senckenberg Gesellschaft für Naturforschung, begrüßen. In seinem aufrüttelnden Beitrag *Warum ist Translation so schwierig?* schildert Volker Mosbrugger Translationshemmnisse, welche vor allem auch zwischen und durch die vielfältigen und ausdifferenzierten Fächergruppen an Hochschulen entstehen. Der Autor sieht in transdisziplinären Wissenschaftsstrukturen einen zentralen Ansatzpunkt, um zukünftige gesellschaftliche Herausforderungen zu gestalten.

Session I: Translation in den Lebenswissenschaften – From Bench to Bedside, unter Leitung von Désirée Wünsch und Dominic Docter, wirft einen ersten Blick auf ein aktuelles und erfolgreiches Beispiel für die Anwendung grundlagenwissenschaftlicher Ergebnisse aus dem Bereich der translationalen Krebsforschung. Désirée Wünsch gibt zunächst einen allgemeinen Einblick in aktuelle Herausforderungen und Lösungsansätze aus der Perspektive einer Nachwuchsforscherin. In seinem Beitrag *Maßgeschneiderte Impfstoffe zur Therapie von Krebserkrankungen* liefert Mathias Vormehr, Immunologe und Mitarbeiter der BioNTech AG Mainz, ein beeindruckendes Beispiel, wie Translation im Bereich der Krebsforschung gelingen kann. So sind die Erkenntnisse, welche er unter anderem im Rahmen seiner Doktorarbeit an der Universitätsmedizin Mainz erzielte, in die Entwicklung eines personalisierten Krebsimpfstoffes eingeflossen, welcher in initialen klinischen Studien bereits positiv getestet wurde.

Session II: Translation in der Versorgungsforschung, unter Leitung von Markus Wübbeler, greift die Translation wissenschaftlicher Erkenntnisse aus der Perspektive der Versorgungsforschung auf. Hierzu schildert Matthias Perleth in seinem Beitrag *Nutzenbewertung im G-BA: Vorgehensweise und Kriterien zur Entscheidungsfindung, Translation in das Leistungsrecht* die Prozesse zur Implementation neuer

Leistungen in das deutsche Gesundheitswesen und illustriert Herausforderungen eindrucksvoll am Beispiel des Medizinproduktsystems Essure® der Firma Bayer. Über *Fehlende Translation evidenzbasierter Konzepte: Hürden der translationalen Versorgungsforschung am Beispiel der Demenz* berichten Ina Zwingmann und Kollegen. Die Autoren betrachten in ihrem spannenden Beitrag Translationslücken vor allem aus der Perspektive der Versorgungsforschung und skizzieren zentrale Translationsbarrieren, wie die Sektoralisierung im deutschen Gesundheitssystem, die insbesondere für vulnerable Patientengruppen eine kritische Rolle einnehmen. Als einer der führenden Wissenschaftler auf dem Gebiet der Implementationswissenschaft berichtet Michael Wensing in seinem Beitrag *Implementation Science in Healthcare Practice: An Emerging Scientific Field* über dieses neue Forschungsfeld und schildert die Entwicklungen und Kernanliegen dieser wachsenden Wissenschaftsdisziplin. Markus Wübbeler berichtet in seinem Beitrag *Translationslücken in der Pflege* über die Herausforderungen der Translation auf dem Gebiet der Pflegewissenschaft und beleuchtet dabei die Rolle der klinischen Forschung für die Weiterentwicklung der Pflege in Deutschland.

Session III: Translation in den Lebenswissenschaften – Exchange between Bench and Bedside, unter Leitung von Kristina Lippmann, gibt einen Einblick in neurowissenschaftliche Aspekte der Translationsforschung. Kristina Lippmann stellt dabei in ihrem einführenden Beitrag speziell neurowissenschaftliche Fragestellungen dar. Sie zeigt einerseits strukturelle und systemische Probleme wie auch Lösungsoptionen zur Problematik der Translationslücke auf. Jakob von Engelhardt, Professor für Pathophysiologie an der Universität Mainz, führt in seinem Beitrag hinein in die essenzielle Existenz und befruchtende Interaktion von Grundlagenforschung und pathophysiologischer Translationsforschung. Anhand von drei Forschungsprojekten skizziert er Grenzen, aber auch faszinierende Möglichkeiten neurowissenschaftlicher Forschung. Durch aktuelle Forschungserkenntnisse aus der Grundlagenforschung an neuronalen Rezeptoren zeigt er zum Beispiel auf, wie eine Epilepsietherapie spezifischer und dadurch für Patienten nebenwirkungsärmer gestaltet werden kann. Er klärt aber auch auf über Grenzen der Übertragbarkeit vom Tiermodell auf den Menschen, und damit über Grenzen der Translation. Weiterführend erfahren wir von Peter Wieloch et al., welche Rolle die Labormedizin als industrieller Partner in der personalisierten Medizin spielen kann. Die Autoren legen dabei eindrücklich dar, inwieweit WissenschaftlerInnen in der Entwicklung neuer translationaler Diagnostika und Therapieansätze unterstützt werden können.

Abschließend greift der Autor Jon Leefmann eine reflexive Ebene zum Themengebiet der Translation auf und beschreibt in seinem Beitrag *Was ist Translationale Medizin? Zu Begriff, Geschichte und Epistemologie eines Forschungsparadigmas*, wie es zur Entstehung des translationalen Forschungsbegriffes kommen konnte. Er schildert in seinem anregenden Beitrag die sozialen und innerwissenschaftlichen Voraussetzungen für die Prägung des translationalen Forschungsbegriffes und illustriert die dahinterliegenden forschungspolitischen Erwägungen.

Wir freuen uns sehr, Ihnen mit diesem Band einige Eindrücke des Symposiums zu übermitteln und hoffen, einen Beitrag zur Stimulation dieses wichtigen Forschungszweiges zu leisten. Die Förderung des disziplinenübergreifenden Dialogs halten wir für das Fundament, um den wissenschaftlichen Fortschritt auch für die Zukunft nachhaltig zu gestalten.

Ihre Arbeitsgruppe *Lost in Translation*

Impulsvortrag: Warum ist Translation so schwierig?

Volker Mosbrugger

I. Einführung

Das Thema „Translation" ist heute in allen Wissenschaftsdisziplinen hochaktuell und gerade in den Lebenswissenschaften mit ihrem breiten Anwendungspotential besonders virulent. Die Einladung zu diesem Symposium „Translationsforschung in den Lebenswissenschaften" adressiert auch die wesentlichen Probleme der Translationsforschung heute. So steht in dem Einladungsflyer geschrieben: „Trotz intensivierter Bemühungen, gewonnene Erkenntnisse aus der Grundlagenforschung zur Anwendung zu bringen, besteht häufig eine Lücke zwischen dem theoretisch verfügbaren und tatsächlich genutzten Wissen." Dem kann man nur zustimmen. Weiterhin heißt es: „Eine Folge dieser Translationslücke ist die Verzögerung des wissenschaftlichen Fortschritts." Dies betrifft tatsächlich nicht nur die Wissenschaft an sich, sondern in hohem Maße auch den Wissenstransfer in die Gesellschaft. Und schließlich heißt es in der Einladungsschrift: „[…] Eine Vielzahl wissenschaftlicher Disziplinen steht vor der Herausforderung, ihre existierende Wissensbasis in anwendungsbezogene Kontexte zu übersetzen." Hiermit wird ein sich deutlich abzeichnender Trend angesprochen, der längst nicht nur die Lebenswissenschaften, sondern sämtliche Wissenschaftsdisziplinen erfasst hat.

Im Folgenden möchte ich Ihnen nun sieben Hemmnisse vorstellen, die meines Erachtens mit dafür verantwortlich sind, dass wir im Bereich der Translation ganz generell – und nicht nur in den Lebenwissenschaften – mit den eben beschriebenen Problemen zu kämpfen haben. Im Umkehrschluss bedeutet dies, dass der Abbau dieser Hemmnisse perspektivisch große Fortschritte bei der Translation verspricht. Dabei sei vorab angemerkt, dass ich selbst als „Naturforscher", Biologe und Geowissenschaftler kein Lebenswissenschaftler im strengen Sinn bin, aber mich als Leiter der Senckenberg Gesellschaft für Naturforschung, einer größeren

Forschungseinrichtung der Leibniz-Gemeinschaft, notgedrungen intensiv mit dem Thema der Translation befasst habe.

II. Translationshemmnis 1: Wissenschaftsstrukturen

Das aus meiner Sicht größte Hemmnis für eine Translation liegt in den bestehenden Wissenschaftsstrukturen und damit einhergehend in den unterschiedlichen Vorstellungen dessen, was Wissenschaft leisten soll. Dies lässt sich gut anhand des Modells der deutschen Wissenschaftslandschaft nachvollziehen, das auf den Philosophen und Wissenschaftstheoretiker Jürgen Mittelstraß (1994: *Die unzeitgemäße Universität*) zurückgeht (vgl. Abbildung 1). Mittelstraß unterscheidet darin drei Formen der Wissenschaft, denen jeweils unterschiedliche Motivationen zugrunde liegen. Zunächst ist die *Neugier-getriebene Grundlagenforschung* zu nennen, die – wie der Name bereits andeutet – aus reinem Erkenntnisinteresse am Untersuchungsgegenstand heraus betrieben wird, ohne dass hierbei an praktische Anwendungsmöglichkeiten gedacht wird. In den Bereichen der Biologie, in denen ich tätig bin, gehören hierzu etwa Fragen nach der systematischen Verwandtschaft von Organismen oder nach der Homologie von Strukturen bei verschiedenen Taxa – durchaus spannende Fragestellungen, die jedoch nicht unmittelbar auf eine konkrete Umsetzung in greifbare Produkte abzielen. Dem gegenüber steht die *anwendungsorientierte Grundlagenforschung*, die nicht nur von reiner Neugier geleitet wird, sondern potenzielle Anwendungsfelder bereits im Blick hat. Ein Beispiel aus der Naturforschung ist hier die Klimaforschung: Hier sind noch sehr viele grundlegende Fragen (zum Beispiel zu Telekonnektionen oder zum Einfluss einer sich dynamisch verändernden Landoberfläche auf das Klima) zu klären; die aktuelle Klimaforschung wird aber wesentlich dadurch getrieben, dass wir Lösungen für den durch den Menschen verursachten Klimawandel finden müssen. Es wird somit perspektivisch eine Anwendung anvisiert, wenngleich nicht auf ein bestimmtes Produkt hingearbeitet wird. Anders verhält es sich im dritten Bereich der *Produkt-getriebenen angewandten Forschung*, bei der ein konkretes Produkt als Ziel der wissenschaftlichen Untersuchungen definiert wird, das im Folgenden auch auf den Markt gebracht werden kann. Während Erfolg in den beiden erstgenannten Bereichen an der Anzahl der Publikationen gemessen wird, steht bei dieser dritten Spielart das konkrete Endprodukt somit von Beginn an klar im Vordergrund.

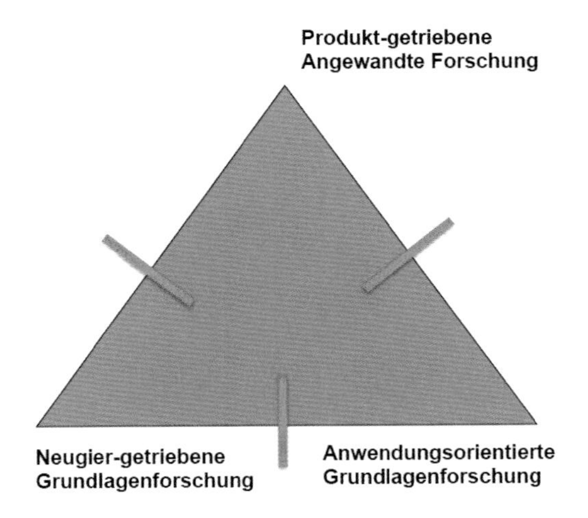

Abbildung 1: Modell der deutschen Wissenschaftslandschaft
(nach Jürgen Mittelstraß, Die unzeitgemäße Universität, 1994)

Voraussetzung für eine erfolgreiche Wissenschaftsdisziplin ist, dass alle drei genannten Bereiche in einem „guten" Gleichgewicht zueinander stehen. So ist es etwa nicht möglich, eine große, Neugier-getriebene Grundlagenforschung in einem Bereich aufzubauen, ohne dass dieser von anwendungsorientierter und Produkt-getriebener angewandter Forschung flankiert wird. Ein Beispiel hierfür ist die Ägyptologie: Es liegt in der Natur der Sache, dass diese – derzeit – keine allzu großen Anwendungsmöglichkeiten aufweist und damit primär aus Neugier betrieben wird. Infolgedessen bleibt die Anzahl der Lehrstühle in der Ägyptologie deutschlandweit sehr gering. Nehmen Sie als Kontrast die Islamwissenschaften: Lange Jahre als reine Neugier-getriebene Forschung ebenfalls stiefmütterlich behandelt, haben sich in jüngster Zeit konkrete Anwendungsfelder und „Produkte" ergeben, woraufhin Anzahl und gesellschaftliche Bedeutung der Forschungsthemen und Lehrstühle deutlich gestiegen sind. Eine Wissenschaftsdisziplin ist somit nur dann vielfältig, mächtig und entwicklungsstark, wenn sie diese Balance zwischen Neugier-getriebener Grundlagenforschung, anwendungsorientierter Grundlagenforschung und Produkt-getriebener angewandter Forschung herstellen kann.

Dennoch sorgt der bereits eingangs genannte Trend, dass die Translation und damit die Anwendung in der Wissenschaftslandschaft verstärkt eingefordert werden, in regelmäßigen Abständen für erheblichen Unmut an den Universitäten. Dies liegt in der dort vorherrschenden Angst begründet, dies ginge zwangsläufig zulasten der Neugier-getriebenen Forschung. Dies ist jedoch mitnichten der Fall – im Gegenteil: Obgleich ein Festhalten an der Neugier-getriebenen Grundlagenforschung grundsätzlich richtig ist, hängt deren Entwicklungspotential gleichwohl von der Existenz der anwendungsorientierten Grundlagenforschung und der Produkt-getriebenen angewandten Forschung ab.

Warum aber ist dann dennoch die Translation, der Übergang von der Erkenntnis in die Anwendung so schwierig? Weil sich sowohl die Wissenschaftler selbst wie auch die Forschungsförderung sehr stark auf eine der drei Mittelstraßschen Wissenschaftsformen konzentrieren, so dass gerade die Übergänge erschwert werden und daher viele wissenschaftliche Erkenntnisse nie den Weg in die Praxis finden. Zur Erläuterung zeigt Abbildung 2 vereinfachend die hochkomplexe Forschungsförderstruktur in Deutschland.

Alle genannten Organisationen fördern Forschung mit jeweils unterschiedlichen Schwerpunkten. So geht es bei den Universitäten primär um Neugier-getriebene, bei den Technischen Universitäten und den Fachhochschulen dagegen

Forschungsförderung in Deutschland:
Versäulung & Spezialisierung

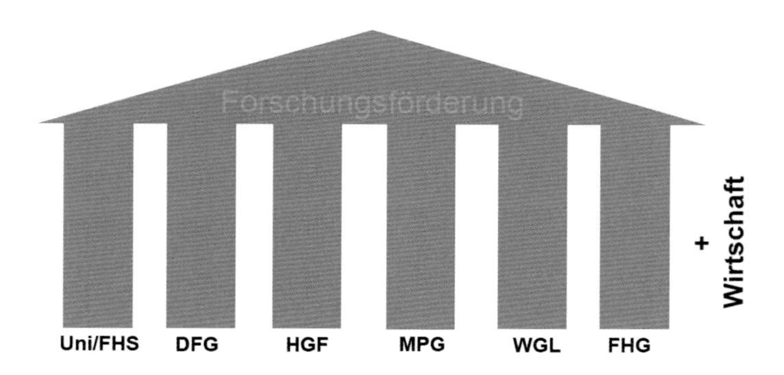

Abbildung 2: Die Säulen der Forschungsförderung in Deutschland.

eher um anwendungsorientierte Grundlagenforschung. Die Helmholtz-Gemeinschaft (HGF) und Leibniz-Gemeinschaft (WGL) legen ebenfalls einen klaren Fokus auf die anwendungsorientierte Grundlagenforschung *und* die gesellschaftliche Relevanz ihrer Forschung. Die Max-Planck-Gesellschaft (MPG) wiederum setzt ihren Schwerpunkt bei der Förderung der wissenschaftlichen Exzellenz und der Neugier-getriebenen Forschung, forciert mittlerweile jedoch ebenfalls die Implementation des Translationsgedankens. Demgegenüber handelt es sich bei der Fraunhofer-Gesellschaft (FHG) um eine Organisation, die sich primär im Bereich der Produkt-getriebenen angewandten Forschung verortet. Diese historisch gewordene segmentale Aufgabenverteilung der Forschungsförderorganisation hat ihre spezifischen Vorteile, fördert aber gerade nicht den Wissenstransfer innerhalb der Wertschöpfungskette von der (Neugier-getriebenen) Erkenntnis zur Anwendung.

Nun möchte ich Ihnen kurz zeigen, wie wir dieses Problem in meiner eigenen Einrichtung, der Senckenberg Gesellschaft für Naturforschung lösen, die zur Leibniz-Gemeinschaft gehört (vgl. Abbildung 3). Unsere ca. 850 Mitarbeiterinnen und Mitarbeiter sind über viele Standorte in Deutschland verteilt; dabei steht uns in der Forschung ein Jahresbudget von ca. 60 Millionen Euro zur Verfügung. Unser Auftrag ist es, Naturforschung zu betreiben und die Ergebnisse in die Gesellschaft hineinzutragen. Dabei verstehen wir Naturforschung als eine Erdsystemforschung, die konkret untersucht, welche Rolle das Leben, die Biosphäre für den Menschen und die Dynamik des Systems Erde spielt. Diese Forschungsthematik wird bei Senckenberg in vier Forschungsfeldern verfolgt. So beschäftigt sich das Forschungsfeld „Biodiverisät und Systematik" etwa mit der Frage, welche Organismen es auf der Erde gibt, wie sie entstanden sind und welche Funktionen sie für Ökosysteme und uns Menschen erfüllen. Im Forschungsfeld „Ecosystem Health" wird untersucht, wie die jeweiligen Organismen interagieren, wodurch sich gesunde Ökosysteme auszeichnen und wie der Mensch in die verschiedenen Ökosysteme eingreift. Mit den Wechselwirkungen zwischen Biodiversitäts- und Klimawandel einschließlich den Konsequenzen für uns Menschen sowie mit der erdgeschichtlichen Entwicklung des Systems Erde befassen sich je ein weiteres Forschungsfeld. Mit Blick auf die Einordnung in das oben beschriebene Dreiecksmodell der Forschungslandschaft verfolgen wir in allen vier Forschungsbereichen das Ziel, die Wertschöpfungskette „from ideas to market" abzudecken, um so die Übergänge von der Neugier-getriebenen Grundlagenforschung zur Produkt-getriebenen angewandten Forschung zu erleichtern. Um ein Beispiel zu geben: Während sich einige Forscher bei uns – rein Neugier-getrieben – mit molekulargenetischen Methoden zur Bestimmung von Organismen befassen, entwickeln andere diese Verfahren weiter zu einer Anwendung im Bereich der Qualitätskontrolle bei Nahrungsmitteln oder bei anderen Organismen-basierten Produkten.

Ein Schlüssel für eine verbesserte Translation liegt also aus meiner Sicht in der Entwicklung und Förderung der gesamten Wertschöpfungskette „from ideas to market". Dies hat viel mit der Denkweise, dem „mind-set" zu tun. Unserer Ansicht nach muss man sich als Grundlagenforscher gar nicht weit vom seinem Forschungsgegenstand entfernen, um die Translation wissenschaftlicher Erkenntnisse in Produkte zu ermöglichen. Doch ist es hierbei notwendig, sich Gedanken darüber zu machen, was die Gesellschaft aktuell umtreibt und welchen Beitrag die eigene Forschung zur Lösung drängender Probleme leisten kann. Durch einen solchen Ansatz ist bereits ein großer Schritt in Richtung der Zusammenführung der verschiedenen Forschungsansätze und der Translation von der Erkenntnis zur Anwendung getan.

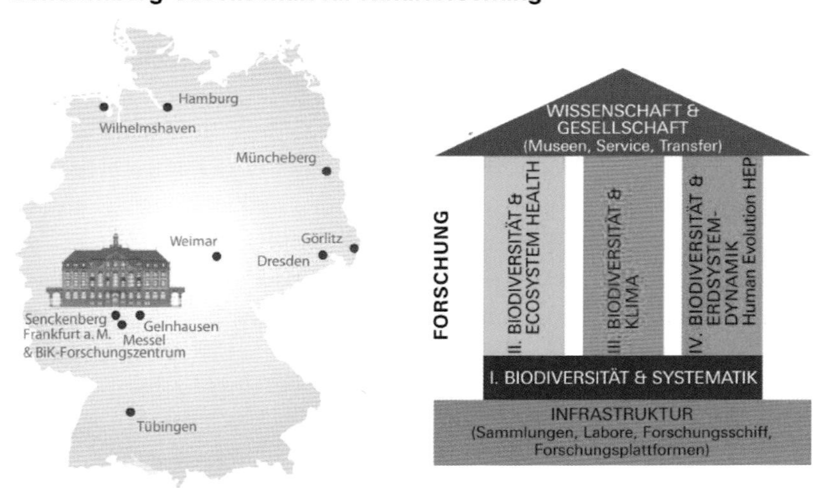

Abbildung 3: Struktur der Senckenberg Gesellschaft für Naturforschung.

III. Translationshemmnis 2: Ausdifferenzierung der Disziplinen

Nun zum zweiten Hemmnis, das sich aus meiner Sicht nicht ganz so gravierend darstellt, sich jedoch insbesondere in der Genese neuer Fragestellungen sehr hemmend auswirkt: die starke Ausdifferenzierung der Wissenschaftsdisziplinen. Diese ist durch die Einführung der Bachelor- und Masterstudiengänge zusätzlich gefördert worden, in deren Folge sich nun auch für Spezialsegmente neue Studiengänge ausgebildet haben. Diese Entwicklung zeigt sich besonders deutlich am Beispiel der Biologie, die sich mittlerweile in eine ganze Reihe spezialisierter Unterdisziplinen mit entsprechenden Spezialisierungen im Studium aufgegliedert hat (vgl. Abbildung 4). Diese sehr eng geführte Ausbildung junger Wissenschaftler stellt beim Schritt in die Anwendung ein Problem dar, da dort der breitere Blick auf andere Themen von essenzieller Bedeutung ist. So reicht es nicht aus, „nur" Molekularbiologe zu sein; wichtig ist, den eigenen Forschungsgegenstand in einen breiteren Kontext und auch in die gesellschaftlichen Wissensbedarfe einordnen zu können. Die traditionell disziplinäre Ausbildung und Lehre bei wachsender Ausdifferenzierung der Disziplinen engt aus meiner Sicht den eigenen Blickwinkel ein und führt dadurch bei der Entwicklung wissenschaftlicher Fragestellungen bereits zu einem frühen Zeitpunkt zu einer Fokussierung auf die eigene Teildisziplin, die der Translation abträglich ist.

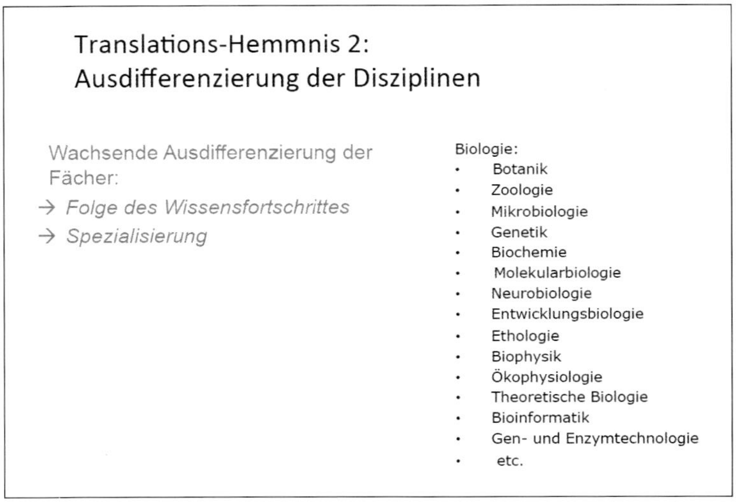

Translations-Hemmnis 2:
Ausdifferenzierung der Disziplinen

Wachsende Ausdifferenzierung der Fächer:
→ *Folge des Wissensfortschrittes*
→ *Spezialisierung*

Biologie:
- Botanik
- Zoologie
- Mikrobiologie
- Genetik
- Biochemie
- Molekularbiologie
- Neurobiologie
- Entwicklungsbiologie
- Ethologie
- Biophysik
- Ökophysiologie
- Theoretische Biologie
- Bioinformatik
- Gen- und Enzymtechnologie
- etc.

Abbildung 4: Ausdifferenzierung der Disziplinen.

IV. Translationshemmnis 3: Fehlende Transdisziplinarität

Das dritte Hemmnis ist für mich ganz entscheidend und stellt neben dem erstgenannten Hemmnis den zweiten Schlüssel dar: Wir betreiben zu wenig transdisziplinäre Forschung. Der Begriff „transdisziplinär" muss in diesem Zusammenhang zunächst von „interdisziplinärer" Forschung abgegrenzt werden: Während Letztere in der Regel bedeutet, dass mehrere Disziplinen zur Beantwortung einer Fragestellung herangezogen werden, ist eine Forschung dann transdisziplinär, wenn sie zusätzlich den gesellschaftlichen Wissensbedarf berücksichtigt (vgl. Abbildung 5). Als Beispiel mag die Krebsforschung dienen: Diese scheint zunächst ein medizinisch-biologisches Thema zu sein, wofür verschiedene Teildisziplinen der Medizin und Biologie relevant sind. Tatsächlich ist Krebs aber nicht nur ein gesundheitliches, sondern auch ein gesamtgesellschaftliches Problem, das eine Vielzahl verschiedener Lebensbereiche tangiert, so etwa die Politik, die Wirtschaft, die Gesetzgebung, die Ethik, etc. Die Thematik Krebs muss somit letztlich im gesamtgesellschaftlichen Kontext behandelt werden und unterscheidet sich damit fundamental von einer Fragestellung, die ausschließlich auf eine bestimmte Disziplin eingeengt wird. Es geht hierbei wohlgemerkt nicht darum, aus einem Na-

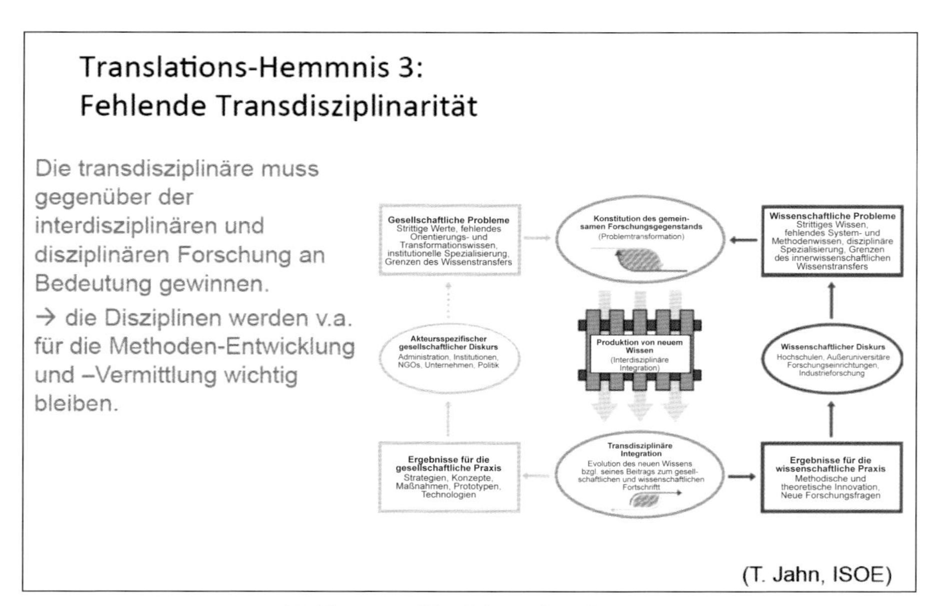

Abbildung 5: Fehlende Transdisziplinarität.

turwissenschaftler einen Geistes- oder Sozialwissenschaftler zu machen. Das Ziel ist vielmehr, eine Fragestellung nicht nur aus einer naturwissenschaftlichen Sicht zu definieren, sondern auch die Perspektiven der anderen Wissenschaften zu integrieren und damit zugleich aufzugreifen, was in der gesellschaftlichen Diskussion als besonders wichtig erachtet wird. Auf diese Weise ist jeder Forscher zunächst in seiner eigenen Disziplin aktiv, wobei die Ergebnisse regelmäßig zusammengeführt werden und kritisch geprüft wird, was auf sozialwissenschaftlicher, gesellschaftlicher und naturwissenschaftlicher Seite zur Beantwortung der Fragestellung getan werden muss. Durch diese Zusammenführung der verschiedenen Wissenschaftsfelder und der gesellschaftlichen Wissensbedarfe fördert die transdisziplinäre Forschung implizit die Anwendung.

V. Translationshemmnis 4: Universitäre Strukturen/Promotion

Ein weiteres Translationshemmnis stellt die Fachbereichs- und Promotionsstruktur der Universitäten dar. Nachfolgend ist beispielhaft die Fachbereichsgliederung der Goethe-Universität aufgeführt (vgl. Abbildung 6).

Als eine der großen Universitäten verfügt die Goethe-Universität über sechzehn Fachbereiche, die alle (fachbereichsspezifische) Promotionen betreuen und über deren Qualität in Form einer Benotung entscheiden. Diese Struktur ist mit Blick auf die modernen Wissenschaftsanforderungen aus meiner Sicht allerdings überholt, denn die wichtigen Fragen unserer Zeit sind transdisziplinär (s.o.) und können nicht disziplinär beantwortet werden. Die Fachbereichs-gebundene Promotion kann dieser Situation aber nicht gerecht werden. Denn naturgemäß wird sich heute eine Promotion etwa in der evangelischen Theologie, betreut ausschließlich von evangelischen Theologen, vor allem mit typisch disziplinären Fragen der evangelischen Theologie befassen, obgleich viele transdisziplinäre Probleme der Bearbeitung harren. So umfasst z.B. die Problematik selbstfahrender Autos auch viele ethische Fragen, mit denen sich die evangelische Theologie trefflich auseinandersetzen könnte. Doch gerade die Beschäftigung mit diesen gesellschaftlich relevanten, fächerübergreifenden Fragen wird durch die aktuellen Universitätsstrukturen behindert. Daher führt wohl langfristig kein Weg daran vorbei, die gegenwärtige Struktur und Aufgabenzuweisung der Fachbereiche zu überdenken. Die Fachbereiche sind zweifellos von ausnehmend großer Bedeutung, um eine fundierte disziplinäre Ausbildung gewährleisten zu können. Doch Forschung

Translations-Hemmnis 4:
Universitäre Strukturen/Promotion

Die transdisziplinäre muss gegenüber der interdisziplinären und disziplinären Forschung an Bedeutung gewinnen.

→ die Disziplinen werden v.a. für die Methoden-Entwicklung und –Vermittlung wichtig bleiben.

Fachbereiche der Goethe-Universität:

- Rechtswissenschaften
- Wirtschaftswissenschaften
- Gesellschaftswissenschaften
- Erziehungswissenschaften
- Psychologie und Sportwissenschaften
- Evangelische Theologie
- Kathologische Theologie
- Philosophie und Geisteswissenschaften
- Sprach- und Kulturwissenschaften
- Neuere Philologien
- Geowissenschaften
- Informatik und Mathematik
- Physik
- Biochemie, Chemie, Physik
- Biowissenschaften
- Medizin

Abbildung 6: Fachbereiche der Goethe-Universität.

und Promotionen sollten künftig stärker von den einzelnen Fachbereichen gelöst und fächerübergreifend organisiert werden. Eine Möglichkeit, dies zu erreichen, bieten „research schools“ oder „research centers“, in denen große, gesellschaftlich relevante Fragen fächerübergreifend behandelt werden können.

VI. Translationshemmnis 5: Universitäre Lehre

Eng damit verknüpft ist auch das fünfte Translationshemmnis, das im Bereich der universitären Lehre zu finden ist. Diese ist entsprechend der Forschung ebenfalls stark disziplinär ausgerichtet. Dadurch kommt aber insbesondere die systemische Betrachtung empirischer Phänomene zu kurz. Viele der gesellschaftlich aktuellen Fragestellungen betreffen ganze Systeme, die, wie wir wissen, nun einmal nicht ausschließlich reduktionistisch als die Summe ihrer Einzelteile verstanden werden können. Es ist daher nicht ausreichend, lediglich die Funktionsweise der jeweiligen Einzelteile zu verstehen; vielmehr müssen die dem System innewohnenden emergenten Strukturen entschlüsselt werden. Dies wird in der Praxis jedoch nahezu nicht berücksichtigt: Hier ist es üblich, sich gemäß dem dominierenden reduktionistischen Paradigma zunächst den einzelnen Komponenten zu widmen und diese anschließend zusammenzusetzen, was jedoch häufig nicht zum Erfolg führt. In der jüngsten Vergangenheit lässt sich hier zwar ein Trend hin zu einer stärkeren systemischen Betrachtungsweise feststellen – etwa in der Systembiologie oder der personalisierten Medizin. Dennoch ist die Ausbildung heute noch immer klassisch disziplinär und reduktionistisch organisiert und weist kaum Elemente einer fächerübergreifenden und systemischen bzw. holistischen Orientierung auf, was die Umsetzung des Translationsgedankens entscheidend behindert.

VII. Translationshemmnis 6: Fehlendes Orientierungswissen

Das sechste Translationshemmnis, das in Zeiten des zunehmenden Populismus an Bedeutung gewinnt, ist im fehlenden Orientierungswissen begründet. Das Internet stellt uns mittlerweile einen schier unerschöpflichen Wissensschatz zur Verfügung, auf den wir nach Bedarf zugreifen können. Dies konfrontiert den Einzelnen jedoch unweigerlich mit der Frage, wie mit diesem Wissen weiter verfahren werden soll. In diesem Zusammenhang ist es sinnvoll, zwischen Verfügungswissen (Faktenwissen um Ursachen, Wirkung und Mittel, das eine Qualifizierungsfunktion besitzt) und Orientierungswissen (= Wissen um ethische Begründbarkeit des eigenen Handelns, das zur Orientierung im gesellschaftlichen Kontext dient, wie Interpretationsfähigkeit, Verantwortungsbewusstsein, Urteilsvermögen) zu differenzieren. Wer beispielsweise die Diagnose Nierenkrebs erhält, kann hierzu eine Fülle von Informationen zu internen Abläufen im Körper abrufen und nachvollziehen; jedoch bleibt die Frage, wie er mit diesem Wissen umgehen soll. Gleiches gilt für das Thema Klimawandel: Wesentliche Prozesse sind mittlerweile hinreichend bekannt, doch wie gehen wir damit um? Gerade in der Anwendung ist die Vermittlung von Orientierungswissen von zentraler Bedeutung. Dies mag im Moment kein besonders starkes Hemmnis darstellen, wird aber perspektivisch an Bedeutung gewinnen, wenn es um die Herstellung nachhaltiger Produkte geht, die auch ethisch verantwortbar sind.

VIII. Translationshemmnis 7: Fehlende Beratung/Unterstützung

Ein letzter und – aus meiner Sicht – weniger bedeutsamer Aspekt besteht in den Beratungsmöglichkeiten, die jungen und älteren Forschern bei der Umsetzung ihrer Ideen in Produkte zur Verfügung stehen. Bis zum Aufbau eines Unternehmens oder der Herstellung eines Produkts müssen hochkomplexe Abläufe bewältigt werden: So gibt es eine Vorbereitungsphase, eine Orientierungsphase, Konzeptionsphase, eine Gründungsphase und schlussendlich eine Errichtungsphase, in der das Produkt allmählich aufgebaut wird. Dies zeigt bereits, dass es sich um einen langwierigen Prozess handelt, der eine umfassende Unterstützung notwendig macht. Diese ist zwar in vielfältigen Formaten durchaus vorhanden, setzt jedoch aus meiner Sicht häufig zu spät ein. Eine eingehende Information über die Abläufe der Produktentwicklung sollte bereits Bestandteil der universitären Lehre sein, sodass Forscher nicht erst als Postdoc oder Professor mit diesem Themenkomplex konfrontiert werden.

IX. Fazit

Die dargestellten Translationshemmnisse stellen eine persönliche Auswahl dar, die sich aus meiner Tätigkeit als Wissenschaftsmanager so ergeben hat und keinesfalls als erschöpfend angesehen werden sollte. Es lassen sich in jeder Fachdisziplin zahlreiche unterschiedliche Aspekte nennen, die einer reibungslosen Umsetzung des Translationsgedankens in die Praxis im Wege stehen. Doch unter den von mir genannten Aspekten halte ich die strukturellen Hemmnisse für die bedeutsamsten: Welches Konzept von Wissenschaft vertrete ich nach außen? Entspricht es eher der Neugier-getriebenen Grundlagenforschung oder vertrete ich den ganzheitlichen Ansatz „from ideas to market"? Ebenso wichtig ist das Thema der Transdisziplinarität: Durch die Integration des gesellschaftlichen Wissensbedarfs in das gewählte Forschungsdesign können die Barrieren zwischen den drei Wissenschaftsformen ein Stück weit aufgebrochen werden. Auch die universitären Strukturen stellen eine Stellschraube dar, an der gedreht werden sollte, um Forschung und Lehre stärker fächerübergreifend zu organisieren. In vielen dieser Bereiche ist aktuell einiges in Bewegung geraten und die kommenden Jahre werden zeigen, ob es uns gelingt, die Gräben zwischen den drei Wissenschaftsformen aufzubrechen und der Translation zu dem Erfolg zu verhelfen, den wir dringend benötigen.

Session I

Translation in den Lebenswissenschaften – From Bench to Bedside

Einleitung

Im Bereich der translationalen Krebsforschung tätig zu sein, birgt viele Herausforderungen und Schwierigkeiten. Allem voran steht die Fragestellung nach verbesserten Behandlungsstrategien und einem Überlebensvorteil für den Patienten. Die „Heilung von Krebs“ scheint das edle Ziel von Forschern und Klinikern zu sein und erntet bei jedem Gesprächspartner anerkennendes Nicken. Als Grundlagenforscherin werde ich häufig mit dieser Aussage konfrontiert, habe jedoch bereits im Laufe meiner Ausbildung gemerkt, dass ein weiter Weg zwischen meiner täglichen Arbeit im Labor und dem Erfolg am Krankenbett liegt. Die Formulierung „from bench to bedside“, vom Labortisch zum Krankenbett, hat den Bereich der translationalen oder übersetzenden Medizin geprägt. Dieses Bild soll den zugrundeliegenden Gedanken der Übersetzung von Grundlagenforschung in konkrete Anwendungen für den Patienten veranschaulichen.

Zahlen belegen das subjektive Gefühl, dass die Translation von Forschungsergebnissen ein langwieriger Prozess ist. Im Durchschnitt dauert es über zehn Jahre von der ersten Charakterisierung eines Wirkstoffes bis zur Zulassung eines fertigen Medikaments. Und längst kann nicht aus jeder erfolgversprechenden Entdeckung ein wirksames Medikament entwickelt werden. Von rund 10.000 Molekülen, welche zu Beginn das Potential für die weitere Medikamentenentwicklung haben, schafft es in der Regel eine Substanz nach etwa acht bis zwölf Jahren, den behördlichen Zulassungsprozess erfolgreich zu absolvieren.[1]

Noch vor dem Beginn der präklinischen Erforschung liegt der eigentliche Keim des angestrebten Translationsprozesses: die Grundlagenforschung. Die grundlagenbasierte Erforschung und Charakterisierung (patho-)biologischer Prozesse, bioaktiver Substanzen und deren Wechselwirkungen liefern mögliche Ansatzpunkte und Kandidaten für eine weitere translationale Entwicklung. Der Löwenanteil der Grundlagenforschung und zum Teil auch der präklinischen Entwicklung wird dabei von Forschern an Universitäten, Fachhochschulen und

1 Bundesverband der deutschen Pharmazeutischen Industrie (BPI), Pharma-Daten 2016, Herausgeber: Bundesverband der Pharmazeutischen Industrie e. V. (BPI), 46. überarbeitete Auflage, Oktober 2016

außeruniversitären Forschungseinrichtungen, wie etwa Max-Planck-, Helmholtz-, Leibniz- und Fraunhofer-Instituten, geleistet. Der Sprung in die klinische Erprobung hingegen ist meist nur mit Unterstützung durch einen Industriepartner zu bewältigen. Die klinische Prüfung eines neuen Wirkstoffes umfasst nach einer Umfrage des US-Pharmaverbandes PhRMA (2014) fast 50 % der Gesamtausgaben für Forschung und Entwicklung.[2] Geht man von Aufwendungen in der Größenordnung von mehreren 100 Mio. Euro aus, wird einem sehr schnell bewusst: Wir Grundlagenforscher brauchen die Industrie, um unsere Forschungsergebnisse an das Krankenbett zu bringen. Auf der anderen Seite stellt sich die Frage: Braucht die Industrie uns Grundlagenforscher? Ein klares JA! Die Komplexität der zu erforschenden biologischen und chemischen Ansatzpunkte, deren langwierige und kostspielige vorklinische Prüfung und eine relativ geringe Erfolgs-chance sind Gründe, warum die Industrie während des Entwicklungsprozesses auf die Beiträge der akademischen Forschung angewiesen ist. Seit Jahren spricht man von einer „Innovationskrise" der Pharmaindustrie (Windt, Boeschen et al. 2013),[3] da die Zahl der neuzugelassenen Medikamente sinkt. Zusammenfassend kommt man zu dem Fazit: Die Entwicklung innovativer Arzneimittel ist ein kostenintensiver, aufwendiger, risikoreicher und langwieriger Prozess ((BPI) 2016).

Trotz intensiver Forschungsbemühungen der letzten Jahrzehnte stellt Krebs immer noch nach den Herz-Kreislauf-Erkrankungen die zweithäufigste Todesursache in Deutschland dar. Für das Jahr 2016 erwarteten Wissenschaftler 498.700 neue Krebserkrankungen.[4] Betrachtet man aktuelle Krebsstatistiken, gewinnt man den Eindruck von stetig steigenden Neuerkrankungen. Beinahe jeder kennt einen Menschen im näheren Umfeld, der von dieser Krankheit betroffen ist. Tatsächlich steigen die Krebszahlen in den letzten Jahren an, was unter anderem auf eine erhöhte Lebenserwartung, aber auch verbesserte Früherkennungsmethoden zurückzuführen ist. Bezüglich der Behandlung und Heilung von Krebs wurden in den letzten Jahren einige Erfolge verbucht, auch wenn bislang noch lange nicht

2 (BPI) 2016, siehe Fn. 1.

3 Windt R., Boeschen D., Glaeske G., Innovationsreport 2013: Wissenschaftliche Studie zur Versorgung mit innovativen Arzneimitteln – Eine Analyse von Evidenz und Effizienz. Bremen: Universität Bremen; 2013. Verfügbar unter: https://www.tk.de/tk/studien-und-auswertungen/innovationsreport-2016/innovationsreport-2013/520604

4 DKFZ. Krebsinformationsdienst. Verfügbar unter: https://www.krebsinformationsdienst.de/grundlagen/krebsstatistiken.php.

jeder Patient dauerhaft von Krebs geheilt werden kann. Verbesserungen auf den Gebieten der Vorbeugung, Früherkennung und Behandlung haben jedoch dazu beigetragen, dass die Krebssterblichkeit seit Jahrzehnten zurückgeht. Diese Erfolge gehen vor allem auf die Bemühungen im Bereich der translationalen Krebsforschung zurück. Ein vielversprechender Ansatz stellt hierbei die Entwicklung von individualisierten oder personalisierten Krebstherapien dar.

Die Abkehr von generalisierten Chemo-Radiotherapien hin zu personalisierten Therapien markiert einen Paradigmenwechsel in der Behandlung von Krebserkrankungen. Eine individualisierte Therapie hat das Ziel, das am besten geeignete Medikament oder die Therapieoption für jeden Patienten zu definieren. Neuartige Ansätze für solche Wirkstoffe sind besonders im Bereich der Immuntherapie zu finden, wie etwa Antikörper-basierte Krebstherapien, sowie Krebs-Vakzine. Der Beitrag von Mathias Vormehr befasst sich im Detail mit der Wirkungsweise und Entwicklung solcher maßgeschneiderter Impfstoffe zur Behandlung von Krebserkrankungen. Die in dieser Arbeit dargestellten Ergebnisse sind ein erfolgreiches Beispiel, wie es gelingen kann, einen grundlagenwissenschaftlichen Ansatz der Immunologie in eine patientenorientierte Therapie zu translatieren. Hier mündete jahrzehntelange Grundlagenforschung in der Gründung einer Biotech-Firma, welche mittlerweile zum größten, nicht-börsennotierten biopharmazeutischen Unternehmen Europas angewachsen ist. Trotz erster Erfolge in bisherigen klinischen Studien müssen sich die Forscher nun den aktuellen Herausforderungen, wie Skalierbarkeit, weiterführende klinische Studien und Zulassung stellen, um den Weg der Translation konsequent zu vollenden.

Désirée Wünsch

Maßgeschneiderte Impfstoffe zur Therapie von Krebserkrankungen

Mathias Vormehr

I. Das Immunsystem im Kampf gegen Krebs

Krebs entsteht durch genetische Veränderungen, die den zugrundeliegenden Zellen neue Eigenschaften wie beispielsweise unkontrolliertes und invasives Wachstum verleihen. Hier spielen sowohl Mutationen in der DNS der Krebszelle, d.h. Aberrationen der Sequenzabfolge oder Anordnung des Genoms, als auch epigenetische Modifikationen, die zu veränderten Expressionsmustern der Gene führen, eine entscheidende Rolle (Hanahan et al. 2000). Das Immunsystem macht sich diese Veränderungen auf den Tumorzellen zu Nutze, um sie von gesundem Gewebe zu unterscheiden und abzutöten. Erste Erkenntnisse über die immunvermittelte Abstoßung von Tumoren erhielt man in den 40er und 50er Jahren durch Versuche an Labormäusen mit transplantierbaren sowie karzinogen induzierten Tumoren (Gross 1943; Prehn & Main 1957; Foley 1953; Burnet 1957). Es zeigte sich, dass Mäuse, die einen induzierten Tumor spontan abgestoßen haben, immun gegen ein erneutes Wachstum des gleichen Tumors waren. Die Mäuse waren jedoch nicht vor der Entwicklung eines zweiten Tumors anderen Ursprungs gefeit. Daraus folgerte man, dass Tumore spezifische und individuelle Eigenschaften besitzen müssen, die zu einer Abstoßung führen können. Bis in die 80er Jahre erkannte man, dass insbesondere T-Lymphozyten des Immunsystems eine entscheidende Rolle für eine Abstoßung von Tumoren darstellen (Holm & Perlmann 1967; Boon & Kellermann 1977; Boon & Van Pel 1978). T-Zellen erkennen spezifische Peptide, sogenannte T-Zell Epitope, auf Tumorzellen oder Virus infizierten Zellen (Townsend et al. 1986; Bjorkman et al. 1987b). Diese Epitope entstehen durch Abbau von Proteinen und werden den T-Zellen auf sogenannten MHC Molekülen (Bjorkman et al. 1987a) präsentiert. Nur Epitope aus fremden Proteinen, z.B. viralen Ursprungs, führen zur Aktivierung der T-Zelle und damit zur Abtötung der präsentierenden Zelle. T-Zellen erkennen diese spezifischen Epitop-MHC Komplexe mit Hilfe eines T-Zell Rezeptors. Der T-Zell Rezeptor wird während der Entwicklung von T-Zellen rein zufällig aus verschiedenen Bruchstücken zusammengesetzt, die in tausendfacher unterschiedlicher Ausführung im Genom codiert sind. Dadurch besitzt jede T-Zelle einen individuellen Rezeptor, der ganz spezifisch für eine bestimmte Epitop-MHC Kombination ist. Dadurch ist gewährleistet, dass nahezu jedes Epitop (und damit auch jedes fremde Protein) von mindestens einer T-Zelle im Körper erkannt werden kann. Während der Reifung der T-Zellen muss der Körper jedoch dafür sorgen, dass nur T-Zellen entstehen, die keine körpereigenen Peptide auf den Zellen erkennen. Dies geschieht an spezialisierten Zellen im Thymus. Die dortigen Zellen sind in der Lage, nahezu alle Proteine, die im menschlichen Genom codiert sind, herzustellen und die daraus resultierenden Peptide den T-Zellen zu präsentieren (Anderson & Su 2011). Alle T-Zellen, die in diesem frühen Entwicklungsstadium Epitope im Thymus erkennen, werden in den programmierten Zelltod geschickt. Übrig bleiben nur T-Zellen, die keine körpereigenen Epitope erkennen können – ein wichtiger Mechanismus zur Verhinderung von Autoimmun-Erkrankungen. Diese naiven T-Zellen verlassen nun den Thymus und wandern in die Lymphknoten sowie in die Milz. Bevor diese neu entstandenen T-Zellen jedoch in der Lage sind, Tumorzellen oder Virus infizierte Zellen zu töten, müssen sie eine als „Priming“ bezeichnete Aktivierung durchlaufen. Priming geschieht in Milz und Lymphknoten durch Dendritische Zellen (Steinman et al. 1979), die den T-Zellen ihr Epitop zum ersten Mal präsentieren. Dendritische Zellen sitzen überall dort, wo der Körper regelmäßig auf Pathogene trifft. Dort sammeln sie Antigene (Proteine, aus denen die Epitope entstehen, die zu einer T-Zellantwort führen), welche sie zu den sekundären lymphatischen Organen transportieren und dort den T-Zellen präsentieren. Die von Dendritischen Zellen aktivierten T-Zellen sind nun in der Lage, sich zu vermehren und durch den Körper zu patrouillieren, um Zellen, die das passende, spezifische Epitop präsentieren, abzutöten. Kurzgefasst lernen T-Zellen zunächst im Thymus, welche Epitope körpereigen sind, und in sekundären lymphatischen Organen durch die Dendritischen Zellen, welche Epitope körperfremd sind (Abbildung 1).

II. Neoepitope in der Krebstherapie

Es war lange Zeit unklar, wie Krebs in immunologisch gesunden Patienten auftreten kann, da prinzipell T-Zellen die Tumorzellen aufspüren und töten sollten. Zu

Beginn des 21. Jahrhunderts wurde vermutet, dass Tumorzellen zwar zunächst von T-Zellen erkannt werden können, die Tumorzellen sich jedoch ähnlich des Evolutionsprinzips nach Darwin u.a. durch Verlust von Antigenen anpassen können (Dunn et al. 2002). Dadurch würden spontan entstandene tumorspezifische Immunantworten ineffektiv werden. Diese Erkenntnis weckte gleichzeitig die Hoffnung, dass der Tumor effektiv durch die Initiierung einer neuen, starken Krebsimmunantwort behandelt werden kann. Diese Krebsvakzine sollte, ähnlich zur prophylaktischen Impfung gegen eine Infektionskrankheit, durch Verabreichung von tumorspezifischen Epitopen eine effektive Immunantwort auslösen. Im Unterschied zur Impfung gegen Pathogene sollten diese Vakzine allerdings erst nach Ausbruch der Tumorerkrankung zur Anwendung kommen. Unklar war jedoch, gegen welche Antigene geimpft werden sollte, um eine effektive tumorspezifischen T-Zelleantwort auszulösen. Vereinzelnde Berichte ließen schon in den 90er Jahren vermuten, dass von mutierten Genen stammende Proteine das bevorzugte Ziel der

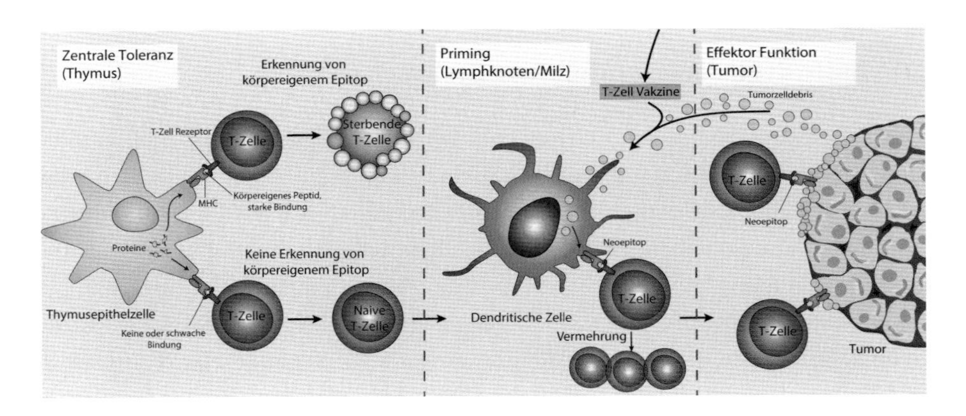

Abbildung 1: Die Entstehung einer tumorspezifischen T-Zellantwort.
T-Zellen lernen zunächst im Thymus, welche Peptide körpereigen sind. T-Zellen, deren Rezeptor stark an körpereigene Peptide bindet, gehen in den programmierten Zelltod über (Zentrale Toleranz, links). Naive T-Zellen, die den Thymus verlassen, wandern in die Lymphknoten oder die Milz ein, wo sie auf Dendritische Zellen treffen können, die das passende spezifische Epitop präsentieren. Hier lernen T-Zellen, welche fremden Peptide sich im Körper befinden. Tumor- (neoepitop)spezifische T-Zellen können dadurch aktiviert und vermehrt werden. Die von den Dendritischen Zellen präsentierten Neoepitope stammen entweder aus dem Tumor oder können extern über eine T-Zell Vakzine zugeführt werden (Priming, mitte). Die während des Primings aktivierten neoepitopspezifischen T-Zellen wandern im Anschluss in den Tumor, wo sie Tumorzellen abtöten können (Ekkektor Funktion, rechts).

krebsspezifischen T-Zellen sind (Sibille et al. 1990; Wölfel et al. 1995; Wang et al. 1999). Die daraus entstehenden Epitope („Neoepitope") unterscheiden sich oft in nur wenigen Merkmalen von den Peptiden auf gesunden Zellen und sind in der Regel sehr spezifisch für einen individuellen Tumor eines Krebspatienten. Erst mit Aufkommen von neuen Hochdurchsatz-Methoden zur Sequenzierung des Genoms (Shendure et al. 2005) wurde es möglich, mit vertretbaren Kosten und Zeitaufwand den Genetischen Code individueller Tumore zu entschlüsseln und Mutationen zu identifizieren. Die daraus gewonnenen Erkenntnisse bestätigten, dass neoepitop spezifische T-Zellen eine entscheidende Rolle in der Krebsbekämpfung spielen. Es zeigte sich beispielsweise, dass Patienten, deren Tumor ein prädiziertes Neoepitop besitzt, eine deutlich verlängerte Lebenserwartung aufweisen (Brown et al. 2014). Zudem zeigten Studien, dass eine zugelassene Krebsimmuntherapie insbesondere dann effizient ist, wenn die Tumore eine hohe Anzahl von Mutationen und damit potentielle T-Zell Neoepitope besitzen (Van Allen et al. 2015; Snyder et al. 2014; Rizvi et al. 2015).

III. Individualisierte Impfung zur Krebsbehandlung

Die Erkenntnisse bezüglich der Relevanz von Neoepitopen in der Anti-Tumor-Immunantwort bekräftigten den Einsatz einer Impfung, die zur verstärkten Ausbildung neoepitop-spezifischer T-Zellen führt. Allerdings sind die Mutationen und die daraus entstehenden Neoepitope einzigartig für jeden Tumor eines Patienten. Daraus ergibt sich die Notwendigkeit, für jeden Patienten einen maßgeschneiderten Impfstoff herstellen zu müssen (Abbildung 2). Bereits 2012 wurde in einer Studie von dem Mainzer Immunologen Ugur Sahin gezeigt (Castle et al. 2012), dass dies prinzipiell möglich ist. Durch Sequenzierung des Genoms einer aus der Maus stammenden Hautkrebszelllinie wurden Tumormutationen identifiziert und mittels eines Algorithmus potentielle Neoepitope vorhergesagt. Impfung von Mäusen gegen diese prädizierten Neoepitope führte in vielen Fällen zur Ausbildung einer tumorspezifischen T-Zell Immunantwort, die zu einer Rückbildung etablierter Tumore führen kann (Kreiter et al. 2015). Auf Grundlage dieser vielversprechenden präklinischen Daten wurde 2014 eine erste Phase-I-Testung in Hautkrebspatienten initiiert. In dieser Studie wurde zum ersten Mal eine Therapie verwendet, die für jeden Patienten individuell hergestellt werden sollte. Das Hauptaugenmerk der Testung lag daher, neben dem Beweis der Verträglichkeit des Impfstoffes, darauf zu zeigen, dass es möglich ist, zeitnah für jeden Patienten ein personalisiertes Medikament herzustellen. Insgesamt wurden in dieser Studie 13 Patienten mit fortgeschrittenem Melanom behandelt, deren Tumor vor Inklusion in die Studie chirurgisch entfernt wurde. Patienten in diesem Krankheitsstadium entwickeln nach chirurgischer Entfernung des gesamten Tumorgewebes in etwa 50% aller Fälle neue Metastasen. Für alle Patienten konnte ein personalisierter Impfstoff produziert werden, der bis auf grippeähnliche Symptome gut verträglich war. Der Impfstoff war gegen insgesamt 10 mutierte Peptide pro Patient gerichtet, von denen im Schnitt 60% eine T-Zellantwort auslösten (Sahin et al. 2017). Pro Patient wurden mindestens drei neoepitop-spezifische T-Zellantworten nachgewiesen. Für ausgewählte Neoepitope konnte außerdem gezeigt werden, dass die induzierten T-Zellen Tumorzellen in vitro erkennen und abtöten können. Zusätzlich blieben entgegen den Prognosen alle behandelten Patienten, die zu Beginn der individualisierten Impfung frei von sichtbaren Metastasen waren, auch nach Therapie tumorfrei. Fünf der 13 behandelten Patienten entwickelten bereits vor Therapiestart neue Metastasen aus. Selbst in dieser progredienten Patientenpopulation war ein Ansprechen durch die individualisierte Immuntherapie ersichtlich. Ermutigend ist zudem, dass amerikanische Wissenschaftler in einer aktuellen Studie an sechs Hautkrebspatienten zu ähnlich positiven Ergebnisse kamen (Ott et al. 2017). Derzeit befindet sich eine Weiterentwicklung der Vakzine (Kranz et al. 2016) in Kombination mit einem immunstimmulierenden Antikörper in klinischer Testung an größeren Patientenkohorten mit Tumoren verschie-

Abbildung 2: Schematischer Prozess der individualisierten Krebsvakzine-Therapie.
Dem Patienten wird eine Tumorprobe sowie eine Blutprobe entnommen. Im nächsten Schritt wird das Genom beider Proben entschlüsselt und durch Vergleich der Sequenzen die Tumormutationen identifiziert. Mittels Algorithmus werden die am besten geeigneten Neoepitop-Kandidaten selektiert. Die Vakzine codierend für die ausgewählten Neoepitop Kandidaten wird daraufhin unter strengen Qualitätsauflagen hergestellt und nach Überprüfung zahlreicher Parameter wie Reinheit und Sterilität dem Patienten verabreicht.

densten Ursprungs (beispielsweise Brust, Darm, Hals und Kopf, Blase, Lunge, NCT03289962).

IV. Zukünftige Herausforderungen maßgeschneiderter Krebsimpfstoffe

Eine definitive Aussage über die Wirksamkeit individualisierter Krebsimpfstoffe wird voraussichtlich in den kommenden Jahren getroffen werden können. Bis zu einer Zulassung gilt es jedoch noch zahlreiche Herausforderungen zu meistern. Insbesondere eine zeitnahe und kostenarme Herstellung der Vakzine für tausende von Patienten stellt eine wichtige Aufgabe dar. In der ersten Testung hat die manuelle Manufaktur der Vakzine etwa drei Monate in Anspruch genommen. Krebspatienten im fortgeschrittenen Stadium können häufig nicht so lange auf eine Therapie warten. Prozessautomatisierung und Maßstabsvergrößerung sind daher wichtige Schritte hin zu einer zügigen, breiten und kostengünstigeren Herstellung und Anwendung der individualisierten Krebsvakzine.

Neben der Herstellung stellt die Auswahl der mutierten Peptide für die Immunisierung eine wichtige Herausforderung dar. Zahlreiche Parameter bestimmen, ob ein mutiertes Peptid zu einer anti-tumoralen T-Zellantwort führen kann oder nicht. Ein tieferes Verständnis und die Erstellung verbesserter Algorithmen zur Selektion der Neoepitope stellt derzeit einen zentralen Forschungsschwerpunkt dar (Vormehr et al. 2016).

Da jeder Patient einzigartig ist, muss zudem besser verstanden werden, in welchen Krebspatienten und im welchem Krebsstadium der maßgenschneiderte Impfstoff am besten wirksam ist. Es ist beispielsweise davon auszugehen, dass bei großen Tumoren durch deren immunsuppressives Tumormikroumfeld die Wirksamkeit einer Vakzin-Therapie stark beeinträchtigen wird. Ein besseres Verständnis der komplexen Zusammenhänge zwischen Tumorgewebe und Immunsystem sollte dazu führen, rationale Kombinationstherapien zu designen, die auch in Patienten mit fortgeschrittenen, nicht-resektierbaren Tumoren gut wirksam sein können. Präklinische Studien weisen darauf hin, dass die Potenz einer Krebsvakzine durch etablierte Therapien wie Radiotherapie oder durch Gabe von immunstimulierende Substanzen wie Interleukin-2 enorm gesteigert werden kann (Moynihan et al. 2016).

V. Abschließende Worte

Der individualisierte Krebsimpfstoff eröffnet einen Paradigmenwechsel hin zu einer wahrhaft patientenorientierten Medizin. Durch Anwendung hoch innovativer Technologien ist es gelungen, eine universell einsetzbare, maßgeschneiderte Krebstherapie zu entwickeln. Bisherige Studien beweisen die Durchführbarkeit dieser hochkomplexen, nebenwirkungsarmen Therapie und lassen Anzeichen der Wirksamkeit erkennen. Es besteht Grund zur Hoffnung, dass dies einen wichtigen Schritt im Kampf gegen Krebs darstellt.

Literatur

Anderson, M.S.; Su, M.A. (2011): Aire and T cell development. In: *Current opinion in immunology* 23 (2), S. 198–206.

Bjorkman, P.J. et al. (1987a): Structure of the human class I histocompatibility antigen, HLA-A2. In: *Nature* 329 (6139), S. 506–12.

Bjorkman, P.J. et al. (1987b): The foreign antigen binding site and T cell recognition regions of class I histocompatibility antigens. In: *Nature* 329 (6139), S. 512–8.

Boon, T.; Kellermann, O. (1977): Rejection by syngeneic mice of cell variants obtained by mutagenesis of a malignant teratocarcinoma cell line. In: *Proceedings of the National Academy of Sciences of the United States of America* 74 (1), S. 272–275.

Boon, T.; Van Pel, A. (1978): Teratocarcinoma cell variants rejected by syngeneic mice: protection of mice immunized with these variants against other variants and against the original malignant cell line. In: *Proceedings of the National Academy of Sciences of the United States of America* 75 (3), S. 1519–1523.

Brown, S.D. et al. (2014): Neo-antigens predicted by tumor genome meta-analysis correlate with increased patient survival. In: *Genome research* 24 (5), S. 743–750.

Burnet, M. (1957): Cancer-A Biological Approach: I. The Processes Of Control. II. The Significance of Somatic Mutation. *British medical journal* 1 (5022), S. 779–86.

Castle, J.C. et al. (2012): Exploiting the mutanome for tumor vaccination. In: *Cancer research* 72 (5), S. 1081–1091.

Dunn, G.P.G. et al. (2002): Cancer immunoediting: from immunosurveillance to tumor escape. In: *Nature immunology* 3 (11), S. 991–998.

Foley, E.J. (1953): Antigenic properties of methylcholanthrene-induced tumors in mice of the strain of origin. In: *Cancer research* 13 (12), S. 835–837.

Gross, L. (1943): Intradermal immunization of C3H mice against a sarcoma that originated in an animal of the same line. In: *Cancer Research* 3 (5), S. 326–333.

Hanahan, D.; Weinberg, R.A.; Francisco, S. (2000): The Hallmarks of Cancer. In: *Cell* 100 (1), S. 57–70.

Holm, G.; Perlmann, P. (1967): Quantitative studies on phytohaemagglutinin-induced cytotoxicity by human lymphocytes against homologous cells in tissue culture. In: *Immunology* 12 (5), S. 525–36.

Kranz, L.M. et al. (2016): Systemic RNA delivery to dendritic cells exploits antiviral defence for cancer immunotherapy. In: *Nature* 534 (7607), S. 396–401.

Kreiter, S. et al. (2015): Mutant MHC class II epitopes drive therapeutic immune responses to cancer. In: *Nature* 520 (7549), S. 692–696.

Moynihan, K.D. et al. (2016): Eradication of large established tumors in mice by combination immunotherapy that engages innate and adaptive immune responses. In: *Nature Medicine* 22 (12), S. 1402–1410.

Ott, P.A. et al. (2017): An immunogenic personal neoantigen vaccine for patients with melanoma. In: *Nature* 547 (7662), S. 217–221.

Prehn, R.T. & Main, J.M. (1957). Immunity to methylcholanthrene-induced sarcomas. In: *Journal of the National Cancer Institute* 18 (6), S. 769–778.

Rizvi, N.A. et al. (2015): Mutational landscape determines sensitivity to PD-1 blockade in non-small cell lung cancer. In: *Science* (New York, N.Y.) 348 (6230), S. 124–128.

Sahin, U. et al. (2017): Personalized RNA mutanome vaccines mobilize poly-specific therapeutic immunity against cancer. In: *Nature* 547 (7662), S. 222–226.

Shendure, J. et al. (2005): Accurate multiplex polony sequencing of an evolved bacterial genome. In: *Science* (New York, N.Y.) 309 (5741), S. 1728–32.

Sibille, C. et al. (1990): Structure of the gene of tum- transplantation antigen P198: a point mutation generates a new antigenic peptide. In: *The Journal of experimental medicine* 172 (1), S. 35–45.

Snyder, A. et al. (2014): Genetic Basis for Clinical Response to CTLA-4 Blockade in Melanoma. In: *The New England journal of medicine* 371 (23), S. 2189–2199.

Steinman, R.M. et al. (1979): Identification of a novel cell type in peripheral lymphoid organs of mice. V. Purification of spleen dendritic cells, new surface markers, and maintenance in vitro. In: *The Journal of experimental medicine* 149 (1), S. 1–16.

Townsend, A.R. et al. (1986): The epitopes of influenza nucleoprotein recognized by cytotoxic T lymphocytes can be defined with short synthetic peptides. In: *Cell* 44 (6), S. 959–68.

Van Allen, E.M. et al. (2015): Genomic correlates of response to CTLA-4 blockade in metastatic melanoma. In: *Science* (New York, N.Y.) 350 (6257), S. 207–211.

Vormehr, M. et al. (2016): Mutanome directed cancer immunotherapy. In: *Current opinion in immunology* 39, S. 14–22.

Wang, R.F. et al. (1999): Cloning genes encoding MHC class II-restricted antigens: mutated CDC27 as a tumor antigen. In: *Science* (New York, N.Y.) 284 (5418), S. 1351–1354.

Wölfel, T. et al. (1995): A p16INK4a-insensitive CDK4 mutant targeted by cytolytic T lymphocytes in a human melanoma. In: *Science* (New York, N.Y.) 269 (5228), S. 1281–1284.

Session II

Translation in der Versorgungsforschung

Einleitung

Fragestellungen die sich mit der Übersetzung wissenschaftlicher Erkenntnisse auf die Institutionen der Gesundheitsversorgung beschäftigen, sind ureigene Themen der Versorgungsforschung. Das grob lautende Ziel dahinter lässt sich vielleicht so formulieren: Schaffung einer Gesundheitsversorgung, die sich an wissenschaftlichen Erkenntnissen orientiert und nicht vom unüberprüfbaren Glauben einzelner Akteure abhängt. Dazu gehören Probleme wie Über-, Unter- oder Fehlversorgung genauso wie Fragen zur ergebnisorientierten Kombination verfügbarer Leistungen im Gesundheitswesen. Eine evidenzbasierte Gesundheitsversorgung stellt zweifellos hohe Ansprüche an die beteiligten Personen. Für den Einzelnen bedeutet sie, die fortlaufende Auseinandersetzung mit dem aktuellen wissenschaftlichen Kenntnisstand. Darüber hinaus gilt es, die getroffenen Entscheidungen im Lichte von Objektivität und Subjektivität kritisch zu hinterfragen. Obwohl uns im Zuge der weltweiten Vernetzung eine Vielzahl an Instrumenten zur Verfügung stehen, die uns bei der Entscheidungsfindung im Gesundheitswesen begleiten, lässt sich wohl nicht sagen, dass der bisherige Zugang zum Wissen die Qualität der Versorgung im selben Maße gesteigert hätte.

Daher bleibt die Frage, wie wir die Gesundheitsversorgung zukünftig verbessern können? Neben Klassikern, wie dem Ausbau der Forschungsbestrebungen, der Ausbildung hochqualifizierter Fachkräfte sowie dem Abbau von Reibungsverlusten, wird die Technologieentwicklung eine entscheidende Rolle bei der Beantwortung dieser Frage spielen. So werden bereits jetzt immer mehr Entscheidungen im Kontext von Diagnostik und Therapie durch elektronische Systeme unterstützt; digitale Gesundheitshelfer finden selbst auf einfachen Smartphones Anwendung und können mithilfe textbasierter Symptomabfragen Verdachtsdiagnosen und Behandlungsempfehlungen ableiten. Diese Entwicklung bietet nicht nur für Länder mit schlecht entwickelter Gesundheitsstruktur ein enormes Potential.

Die Autoren dieser Session widmen sich der Betrachtung des Begriffes Translation aus den vielfältigen interprofessionellen Perspektiven der Versorgungsforschung. Perspektiven, die für die Weiterentwicklung unseres Gesundheitssystems von hoher Relevanz sind und Beachtung finden sollten.

Markus Wübbeler

Nutzenbewertung im G-BA: Vorgehensweise und Kriterien zur Entscheidungsfindung. Translation in das Leistungsrecht

Matthias Perleth

I. Vorbemerkungen

Zu Recht erwarten Patienten, Versicherte, Leistungserbringer, Investoren und nicht zuletzt die Hersteller, dass Innovationen im Gesundheitswesen schnell aufgegriffen und vergütet werden. Dies ist jedenfalls auch die Vorgabe im Fünften Buch Sozialgesetzbuch (SGB V): Im §2 Abs. 1 wird die Berücksichtigung des medizinischen Fortschritts gefordert. Das Sozialrecht begründet den Anspruch auf Leistungen, die dem wissenschaftlichen Stand der Erkenntnisse entsprechen. Ebenso wie die finanziellen Ressourcen im Gesundheitswesen begrenzt sind, schränkt die Gesetzgebung den Leistungsanspruch in vielfältiger Weise ein, etwa unter Verweis auf die Eigenverantwortung der Versicherten oder das so genannte Wirtschaftlichkeitsgebot. Demnach müssen „Leistungen wirksam und wirtschaftlich erbracht und nur im notwendigen Umfang in Anspruch genommen werden".[1]

In diesem Beitrag soll die Rolle des Gemeinsamen Bundesausschusses (G-BA) bei der Konkretisierung des Leistungsrechts im Rahmen des SGB V (also bezogen auf die gesetzliche Krankenversicherung) erläutert werden. Hierzu werden zunächst die rechtlichen Grundlagen und die Zuständigkeiten, die Arbeitsweise sowie die Anforderungen an die Datenlage dargestellt und anhand eines Fallbeispiels erläutert. Andere Varianten der „Translation" von Innovationen in das Leistungsrecht wie etwa die Erbringung als Privatzahlerleistungen, die Finanzierung im Rahmen von Selektivverträgen oder Modellversuchen werden hier nicht behandelt. Translation in das Leistungsrecht bezieht sich hier vielmehr auf die Konkretisierung des Leistungsanspruchs von Versicherten in Form von rechtsver-

1 §2 Abs. 4 bzw. §12 SGB V.

bindlichen Normen (Richtlinien), die für Krankenkassen, Leistungserbringer und Versicherte bzw. Patienten gleichermaßen verbindlich sind.

II. Der Gemeinsame Bundesausschuss (G-BA)

Die gesetzliche Grundlage des G-BA findet sich in den §§91, 91a und 92 SGB V. Er stellt das oberste Beschlussgremium der gemeinsamen Selbstverwaltung von Ärzten, Zahnärzten, Psychotherapeuten, Krankenhäusern und Krankenkassen dar und hat die Aufgabe, den Leistungskatalog der Gesetzlichen Krankenversicherung (GKV) zu konkretisieren. Hierzu beschließt er verbindliche Richtlinien („untergesetzliche Normen"), die in der Regel nach Veröffentlichung im Bundesanzeiger in Kraft treten. Das Bundesministerium für Gesundheit übt eine Rechtsaufsicht aus. Die Finanzierung erfolgt über einen Systemzuschlag, d. h. für jeden abzurechnenden Krankenhausfall sowie durch die zusätzliche Anhebung der Vergütung für die ambulante vertragsärztliche und vertragszahnärztliche Versorgung wird ein jährlich neu festzusetzender Beitrag an den G-BA abgeführt. Hieraus werden auch die wissenschaftlichen Institute des G-BA, das Institut für Qualität und Wirtschaftlichkeit im Gesundheitswesen (IQWiG) und das Institut für Qualitätssicherung und Transparenz im Gesundheitswesen (IQTiG) finanziert. Im Jahr 2018 sind das rund 0,05 € je ambulantem Fall sowie 1,70 € je stationärem Fall. [2]

Die Zuständigkeiten des G-BA sind ebenfalls gesetzlich festgelegt und finden sich in verschiedenen Abschnitten des SGB V. Sie lassen sich wie folgt kategorisieren:

- Arzneimittel / Impfungen / frühe Nutzenbewertung
- Qualitätssicherung
- nicht-medikamentöse Untersuchungs- und Behandlungsmethoden
- Prävention
- Psychotherapie
- veranlasste Leistungen
- Zahnmedizin
- sektorenübergreifende Versorgung

2 https://www.g-ba.de/downloads/17-98-4449/2017-12-21_Systemzuschlag-2018.pdf (29.6.2018).

- Disease Management-Programme
- Bedarfsplanung

Die Konkretisierung des Leistungskatalogs wird innerhalb der diversen Zuständigkeiten sehr unterschiedlich umgesetzt, insbesondere deshalb, weil für jeden der o.g. Bereiche verschiedene formale Rahmenbedingungen zu beachten sind. Die Bereiche, in denen über neue Leistungen (Arzneimittel, nicht-medikamentöse diagnostische oder therapeutische Methoden, Psychotherapie, präventive Leistungen einschließlich Screening) entschieden wird, folgen jedoch denselben Prinzipien der Nutzenbewertung. Unter Nutzen werden die patientenrelevanten Effekte einer Maßnahme im Vergleich zum etablierten Standard unter Abwägung des Schadenpotentials verstanden.

III. Nutzenbewertung im G-BA

Nutzenbewertungen im G-BA konzentrieren sich auf die Bereiche Arzneimittel (v.a. neue Arzneimittel gemäß AMNOG und vergleichende Bewertungen bereits eingeführter Arzneimittel), Prävention (u.a. Krebsfrüherkennung, Vorsorgeuntersuchungen bei Kindern und Schwangeren), ambulante und stationäre diagnostische und therapeutische Methoden, Psychotherapie, Veranlasste Leistungen (u.a. Heilmittelkatalog, häusliche Krankenpflege) und Zahnmedizin. Eine Sonderrolle nehmen so genannte Erprobungsverfahren nach §137e SGB V sowie die Bewertung neuer stationärer Methoden mit Hochrisikomedizinprodukten nach §137h SGB V ein, da bei diesen jeweils noch eine Bewertung des so genannten Potentials[3] vorgenommen wird.

1. Anforderungen an den Nutzennachweis

Grundsätzlich erfordert der Nachweis des Nutzens einen mehr als marginalen Effekt anhand patientenrelevanter Endpunkte im Vergleich zum etablierten Standard, was grundsätzlich in randomisierten kontrollierten Studien (RCTs) zu zei-

3 Das Potenzial einer Methode wird festgestellt, wenn Studiendaten vorliegen, auf deren Grundlage eine Studie geplant werden kann, die eine Bewertung des Nutzens der Methode auf einem ausreichend sicheren Erkenntnisniveau erlaubt (2. Kapitel § 14 Abs. 4 VerfO).

gen ist. Dabei wird nicht zwischen verschiedenen Technologien unterschieden; Methoden mit Medizinprodukten, Telemedizinanwendungen oder Nanomedizin usw. wird kein Sonderstatus eingeräumt. Die Bewertungen haben immer einen konkreten Indikationsbezug, der im Rahmen einer so genannten PICO-Fragestellung herausgearbeitet wird, d.h. Festlegung von Patienten/Zielpopulation, Intervention und Kontrolle oder Alternative und Endpunkte. Die Operationalisierung der Fragestellung beinhaltet bereits eine Berücksichtigung der jedem Themengebiet immanenten Besonderheiten, etwa der Patientencharakteristika („alle Kinder bis zu einem Alter von 30 Monaten" oder „Patienten mit Herzinsuffizienz im Stadium NYHA III-IV"), der Intervention, der Kontrollintervention oder der Endpunkte.

2. Klinisch relevante Endpunkte

Oft besteht Unsicherheit darüber, welche Endpunkte als patientenrelevant gelten. Hier gibt der regulatorische Rahmen (SGB V, VerfO, Rechtsprechung) die Kategorien Mortalität, Morbidität und Lebensqualität vor. Für jede Methode und für jede Indikation sind diese separat festzulegen. Dabei ist wiederum zu beachten, dass Endpunkte, die sich beispielsweise auf Lifestyle-Aspekte beziehen, nicht entscheidungsrelevant sind. Insbesondere sind auch so genannte Surrogatendpunkte umstritten, also beispielsweise Blutzuckersenkung bei Diabetes mellitus oder progressionsfreies Überleben bei Krebserkrankungen. Es werden also die Spezifika von Fachgebieten im Rahmen der Konkretisierung und ggf. auch bei der Interpretation von Daten berücksichtigt, aber es besteht keine Notwendigkeit, die Grundsätze der Evidenzbasierten Medizin dafür zu ändern.

Der Erhebungsmethode von Endpunkten in klinischen Studien wird besonderes Augenmerk geschenkt. Endpunkte können verstanden werden als Konstrukte aus ‚Patientenrelevanz', ‚Validität' und ‚Effektstärke'. Patientenrelevanz beinhaltet, „wie eine Patientin oder ein Patient fühlt, ihre oder seine Funktionen und Aktivitäten wahrnehmen kann oder ob sie oder er überlebt".[4] Erhebungsinstrumente für patientenrelevante Endpunkte müssen für die Zielpopulation geeignet und validiert sein. Die Effektstärke muss ausreichend groß sein, d.h. sie muss die jeweils festgelegte klinische Relevanzschwelle überschreiten.

4 Institut für Qualität und Wirtschaftlichkeit im Gesundheitswesen (IQWiG) (2017): Allgemeine Methoden: Version 5.0. Köln, S. 42-3.

Behandlungsstandards in der GKV

Im Rahmen der Nutzenbewertung wird eine neue oder bisher nicht im System vergütete Methode mit dem etablierten Standard verglichen. Der Behandlungsstandard (zweckmäßige Vergleichstherapie) ist nicht selten seit Jahren oder sogar Jahrzehnten etabliert (beispielsweise chirurgischer Herzklappenersatz). Die Methodik zur Ermittlung der Standardversorgung ist gut etabliert und stützt sich im Wesentlichen auf formale Aspekte (bei Arzneimitteln beispielsweise Zulassung im Anwendungsgebiet vorhanden, bei medizinproduktebezogenen Methoden ein entsprechende CE-Zertifizierung) sowie auf die Auswertung von systematischen Übersichtsarbeiten und klinischen Leitlinien. Aufgrund von systembedingten Besonderheiten kann der Behandlungsstandard zwischen verschiedenen Ländern durchaus variieren.

Insbesondere die unterschiedlichen Zeithorizonte zwischen den bereits etablierten Methoden einerseits und den kurzen Innovationszyklen, insbesondere von Medizinprodukten, führt oft zu unterschiedlichen Erwartungshaltungen. Da die meisten Innovationen eher marginale Verbesserungen bringen, die in aussagekräftigen Studien nachgewiesen werden müssen, ist der Weg in die Versorgung oft langwierig. Selbst wenn Studienergebnisse vorliegen, sind diese nicht immer eindeutig, was die Beratungen weiter verzögern kann.

3. Prozess der Nutzenbewertung

Das Vorgehen bei der Nutzenbewertung ist in Abbildung 1 zusammengefasst. Mit Ausnahme von Arzneimitteln werden neue Untersuchungs- und Behandlungsmethoden erst dann beraten, wenn durch Antragsberechtigte (im Wesentlichen die Mitgliedsorganisationen im G-BA) ein begründeter Beratungsantrag gestellt wurde. Dabei ist zu beachten, dass für den Vertragsarztbereich andere Voraussetzungen gelten als für den Krankenhausbereich. Im Letzteren können innovative Methoden erbracht werden, sofern sie nicht explizit aus der Versorgung durch eine Entscheidung nach § 137c SGB V ausgeschlossen wurden. Ausschlussgründe sind fehlende Daten, aus denen sich eine patientenrelevante Behandlungsverbesserung ableiten lässt (kein Potenzial). Im ambulanten Sektor dürfen neue Methoden allerdings erst erbracht werden, wenn der G-BA eine positive Entscheidung getroffen hat, d. h. der Nutzen nachgewiesen ist (§ 135 SGB V). Diese widersprüchliche

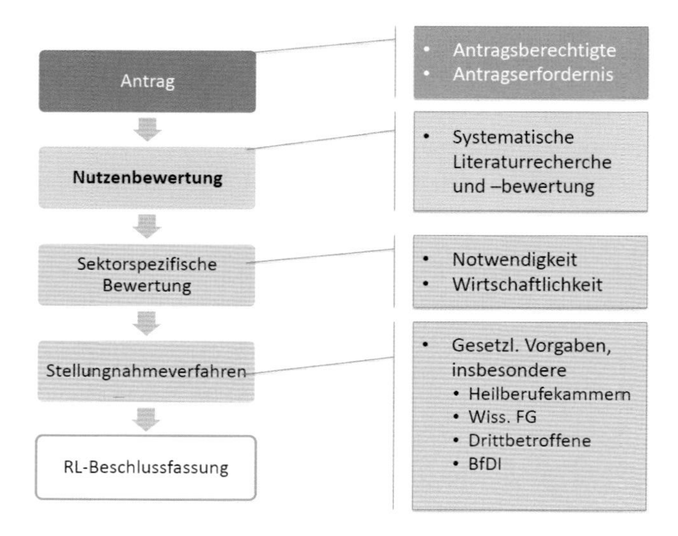

Abbildung 1: Prozess der Nutzenbewertung im G-BA.
FG=Fachgesellschaft; BfDI=Bundesbeauftragte für den Datenschutz und die Informationsfreiheit

Gesetzeslage führt dazu, dass Krankenhäuser in Deutschland das Einfallstor für ungeprüfte Innovationen sein können bzw. auch sind.

Die Bewertung des Nutzens einer neuen Methode erfolgt nach den Methoden der Evidenzbasierten Medizin, d.h. im Rahmen einer systematischen Aufarbeitung der Literatur. Damit wird häufig das IQWiG beauftragt. Die Ergebnisse der Literaturauswertung werden außerdem hinsichtlich Notwendigkeit im Versorgungskontext bewertet; hierbei spielen auch Qualifikationsanforderungen und sonstige Faktoren eine Rolle. Bei großer Versorgungsnotwendigkeit (beispielsweise fehlende Therapieoption) kann von der Anforderung des Nutzennachweises im Rahmen von randomisierten kontrollierten Studien abgewichen werden.[5] Eine formale Bewertung der Wirtschaftlichkeit erfolgt üblicherweise nicht; das Sozialgesetzbuch sieht hier nur bestimmte Handlungsoptionen für den G-BA vor, nämlich für den Fall, dass eine kostengünstigere Alternative bei gleichem Nutzen

5 Schwalm, A.; Perleth, M.; Matthias, K. (2010): Der Umgang des Gemeinsamen Bundesausschusses mit „schwacher" oder fehlender Evidenz. *Z Evid Fortbild Qual Gesundhwes* 104 (4), S. 323-9.

vorliegt. Bei fehlender Alternative spielt die Wirtschaftlichkeit keine Rolle.[6] In der Praxis wird oft auf die unzureichende Datenlage verwiesen.

Nach Abschluss der Nutzenbewertung erfolgt ein Stellungnahmeverfahren, in dem Betroffene (u. a. Hersteller, Ärztekammer, Fachgesellschaften) den jeweiligen Beschlussentwurf kommentieren können, bevor das Plenum eine entsprechende Richtlinie beschließt (die zur rechtsaufsichtlichen Prüfung dem Bundesministerium für Gesundheit vorgelegt wird).

Im Jahr 2017 wurden parallel 56 Verfahren beraten, die meisten beinhalteten Methoden mit Medizinprodukten. Beispiele für kürzlich abgeschlossene Bewertungsverfahren neuer Untersuchungs- und Behandlungsmethoden mit anschließender Aufnahme in den Leistungskatalog:

- „Screening“ auf Bauchaortenaneurysma bei Männern >65 Jahre mittels Ultraschall
- Messung der myokardialen fraktionellen Flussreserve bei koronarer Herzkrankheit
- Hyperbare Sauerstofftherapie zur zusätzlichen Behandlung des diabetischen Fußsyndroms
- Positronenemissionstomographie (PET/CT) bei Kopf-Hals-Tumoren vor der Entscheidung über eine chirurgische Resektion der Halslymphknoten und des umgebenden Gewebes
- Thulium-Laserresektion zur Behandlung des benignen Prostatasyndroms
- Extrakorporale Stoßwellentherapie bei Plantarfasziitis.

IV. Typische Probleme bei der Nutzenbewertung von Untersuchungs- oder Behandlungsmethoden mit Medizinprodukten anhand eines Fallbeispiels

Im Januar 2018 wurde im British Medical Journal ein Bericht zu laufenden Gerichtsverfahren in den USA und in Schottland aufgrund von Nebenwirkungen zum Medizinproduktsystem Essure® der Firma Bayer veröffentlicht.[7] Es handelt

6 BeckOK SozR, 6. Ed. 13.6.2007, SGB V.

7 Dyer, C. (2018): UK women launch legal action against Bayer over Essure sterilisation device. *BMJ*;360:k271.

sich um einen Katheter, der über die Gebärmutter in die Eileiter eingeführt wird und dort Mikrospiralen einsetzt.[8] Die Spiralen lösen eine lokale Entzündung mit nachfolgendem Einwachsen von fibrotischem Gewebe in die Eileiter aus und führen durch die daraus resultierende Blockade der Eileiter zur Sterilisation. Der Eingriff erfolgt ambulant, die Sterilität ist nach etwa 3 Monaten gegeben, vorausgesetzt die Spiralen wurden korrekt platziert. Die Methode wurde als Alternative zu einer operativen Sterilisation entwickelt.

Das Produkt wurde von der Firma Conceptus entwickelt, 2001 vom TÜV für Europa zertifiziert und 2002 von der FDA für den US-amerikanischen Markt zugelassen. 2013 wurde die Firma Conceptus von Bayer übernommen. Bislang sollen weltweit etwa 750.000 Katheter verkauft worden sein.[9] Zum Zeitpunkt der Marktzulassung lagen Daten aus zwei unkontrollierten Beobachtungsstudien mit insgesamt 745 Frauen vor, wovon in 664 Fällen (89 %) eine erfolgreiche bilaterale Implantation gelungen war. Akut kam es bei der Implantation zu 11 Perforationen, 14 Ausstoßungen, sowie bei einem großen Anteil der Frauen zu Bauchkrämpfen und -schmerzen, Übelkeit und Blutungen.[10]

Die Marktzulassung in den USA erfolgte u. a. mit der Auflage, weitere Follow-up-Daten aus den beiden klinischen Studien für eine Zeitdauer von mindestens 5 Jahren zu erheben und ein Trainingsprogramm für Ärztinnen und Ärzte anzubieten, um eine erfolgreiche Implantation in der Praxis zu gewährleisten. Die FDA adressierte auch die Limitationen sehr klar, dennoch wurde das Produkt zugelassen, da es im Vergleich mit anderen Methoden weniger invasiv ist und keine Anästhesie erfordert.[11]

Die Klagewelle wurde allerdings durch langfristige Sicherheitsprobleme ausgelöst. Bis Ende 2017 wurden in den USA 26.773 Vorkommnisse mit der Prozedur gemeldet; diese umfassten vor allem Bauchschmerzen (79 %), verstärkte / unregelmäßige Regelblutungen (37 %), Kopfschmerzen (27 %), Müdigkeit (22 %) und Gewichtsschwankungen (19 %). Zudem wurden zahlreiche Fälle von Unverträglichkeiten (17 %, v.a. Verdacht auf Nickelallergie), Migration der Spiralen oder Spiralkomponenten im Körper (11 %), Spiralbrüche usw. gemeldet. Außerdem wurden 1.826 Schwangerschaften nach Implantation von Essure® berichtet,

8 https://www.accessdata.fda.gov/scripts/cdrh/cfdocs/cfpma/pma.cfm?id=P020014 (2.7.2018).

9 Ebd.

10 Ebd.

11 Ebd.

davon 327 ektopische Schwangerschaften (d.h. eine Schwangerschaft außerhalb der Gebärmutter).[12]

Die FDA hat seither mit einer „black box"-Warnung reagiert sowie den Einsatzbereich von Essure® eingeschränkt. Außerhalb der USA wurde der Verkauf von Essure® im September 2017 eingestellt.[13]

Bemerkenswert an diesem Fallbeispiel ist u.a., dass zwar eine Reihe von Methoden zur Sterilisation zur Verfügung steht und in der Praxis verbreitet ist, dennoch vom Hersteller aber keine kontrollierte Studie durchgeführt wurde. Aus diesem Grund wäre es bei dieser Methode schwierig, einen Vergleich von Nutzen und Schaden mit den Standardprozeduren durchzuführen. Dies illustriert ein Problem, das häufig zu einer Verlängerung der Verfahrensdauer führt: die unzureichende Studienlage zum vergleichenden Nutzen einer Methode.

V. Fazit

Die Translation in das Leistungsrecht ist eine Entscheidung am Ende der Entwicklung einer Innovation. Um dies zu realisieren, ist seitens der Entwickler der Innovation ein Perspektivwechsel erforderlich hinsichtlich der folgenden potentiellen Spannungsverhältnisse:

- Anforderungen an den Nutzen vs. Anforderungen zur Erlangung der Verkehrsfähigkeit: Aufgrund des Fokus des Medizinprodukterechts auf die Aspekte Sicherheit und Funktionsfähigkeit gerät während der Entwicklung eines Produkts der Nutzenaspekt oft in den Hintergrund und die für die Entscheidungsfindung erforderlichen Studien liegen nicht vor, wenn eine Kostenübernahmeentscheidung getroffen werden soll.[14] Die Hersteller sehen ggf. andere Akteure in der (Finanzierungs-)Pflicht, wenn es um die Untersuchung des Nutzens in konkreten klinischen Indikationen geht. Die Kosten einer qualitativ hochwertigen randomisierten kontrollierten Studie können in der Tat den zu erwartenden Umsatz mit

12 https://www.fda.gov/MedicalDevices/ProductsandMedicalProcedures/ImplantsandProsthetics/EssurePermanentBirthControl/ucm452254.htm (2.7.2018).

13 https://www.aerzteblatt.de/nachrichten/93365/FDA-schraenkt-Einsatz-von-Kontrazeptivum-Essure-weiter-ein (2.7.2018).

14 Cohen, D.; Billingsley, M. (2011): Europeans are left to their own devices. *BMJ*;342:d2748.

einem Produkt deutlich übersteigen. Neben einer vorausschauenden Studienplanung sind also auch Finanzierungskonzepte erforderlich, ein bisher weitgehend ungelöstes Problem.[15]

- Zeitbedarf / Verfahrensdauer vs. Innovationszyklus und Geschäftsjahr: Hierauf wurde bereits weiter oben eingegangen. Die Ausgangslage für Innovation im Gesundheitssystem ist umso schwieriger einzuschätzen, je höher die Wirksamkeit bereits eingeführter Standardmethoden eingeschätzt wird, zumal innovative Methoden in der Regel auch mit höheren Kosten verbunden sind.
- Bedarf / Notwendigkeit vs. Nachfrage: Insbesondere in klinischen Bereichen, in denen bereits gut wirksame Therapiemöglichkeiten vorhanden sind, ist die Nachfrage nach innovativen Produkten vermutlich eher begrenzt. Um einen Bedarf plausibel zu begründen, sind dann klinische Daten erforderlich, die einen zusätzlichen Nutzen in Indikationsbereichen aufzeigen, die bisher nur uzureichend abgedeckt sind (beispielsweise neuartige Methoden bei gegenüber bisheriger Standardbehandlung resistenten Krankheitsformen).

Eine Entscheidung zur Kostenübernahme einer neuen Methode bedeutet oft die massenhafte Anwendung einer bis dato nur bei wenigen Patienten eingesetzten Methode. Es ist daher erforderlich, möglichst sorgfältig den Nutzen und die Risiken abzuwägen. Seltene Nebenwirkungen werden sichtbar, nicht immer sind Lernkurven in Studien berücksichtigt worden. In der Praxis erfolgt zudem oft die Erbringung außerhalb der vorgesehenen Verwendung (off-label). Diese Faktoren können zu einer geringeren Wirksamkeit und / oder zu erhöhtem Risiko führen. Es gibt also gute Gründe für die Nutzenbewertung vor einer Kostenübernahme.

15 Schlussbericht Strategieprozess 2012.

Literatur

Beck'scher Online-Kommentar Sozialrecht, 6. Auflage, 13.6.2007, SGB V, §12 Wirtschaftlichkeitsgebot, Rn. 8.

Bundesministerium für Bildung und Forschung, Bundesministerium für Gesundheit, Bundesministerium für Wirtschaft und Technologie (2012): Schlussbericht nationaler Strategieprozess „Innovationen in der Medizintechnik". Online verfügbar unter https://www.strategieprozess-medizintechnik.de/ (2.7.2018).

Cohen, D.; Billingsley, M. (2011): Europeans are left to their own devices. In: *BMJ*; 342:d2748.

Das Fünfte Buch Sozialgesetzbuch – Gesetzliche Krankenversicherung – (Artikel 1 des Gesetzes vom 20. Dezember 1988, BGBl. I S. 2477, 2482), das zuletzt durch Artikel 4 des Gesetzes vom 17. August 2017 (BGBl. I S. 3214) geändert worden ist. Online verfügbar unter http://www.gesetze-im-internet.de/sgb_5/BJNR024820988.html (29.6.2018).

Dyer, C. (2018): UK women launch legal action against Bayer over Essure sterilisation device. In: *BMJ*;360:k271.

Institut für Qualität und Wirtschaftlichkeit im Gesundheitswesen (IQWiG) (2017): Allgemeine Methoden: Version 5.0. Köln.

Schwalm, A.; Perleth, M.; Matthias, K. (2010): Der Umgang des Gemeinsamen Bundesausschusses mit „schwacher" oder fehlender Evidenz. In: *Z Evid Fortbild Qual Gesundhwes* 104 (4), S. 323–9.

Verfahrensordnung des Gemeinsamen Bundesausschusses in der Fassung vom 18. Dezember 2008 veröffentlicht im Bundesanzeiger Nr. 84a (Beilage) vom 10. Juni 2009 in Kraft getreten am 1. April 2009, zuletzt geändert am 17. November 2017 veröffentlicht im Bundesanzeiger BAnz AT 11.04.2018 B2 in Kraft getreten am 12. April 2018 [VerfO].

Fehlende Translation evidenzbasierter Konzepte: Hürden der translationalen Versorgungsforschung am Beispiel der Demenz

Ina Zwingmann, Wolfgang Hoffmann und Bernhard Michalowsky

Hintergrund: Die Versorgungsforschung erlebt derzeit ein Wachstum an innovativen, evidenzbasierten Konzepten – insbesondere durch die steigende Zahl an Ausschreibungen und öffentlichen Fördermaßnahmen für die Versorgungsforschung. Diese stehen in einem bisher nie gekannten Umfang zur Verfügung: der Innovationsfonds, der Aktionsplan Versorgungsforschung des Bundesministeriums für Bildung und Forschung und Fördergelder für Programme des Bundesministeriums für Gesundheit. Trotz dieser beachtlichen Fördersummen finden nur wenige Projekte den Weg in die Routineversorgung.

Ziele der Studie: Ziel des Artikels ist es, eine Übersicht über die Möglichkeiten und Hürden der translationalen Versorgungsforschung am Beispiel eines evidenzbasierten Versorgungskonzeptes für Demenzpatienten in der Häuslichkeit und ihren pflegenden Angehörigen zu geben sowie Empfehlungen für die Versorgungsforschung, Versorgungspraxis und Gesundheitspolitik abzuleiten.

Material und Methoden: Die Übersicht basiert auf bisherigen Studien zur Translation evidenzbasierter Konzepte sowie Ergebnissen der hausarztbasierten, cluster-randomisierten kontrollierten Interventionsstudie DelpHi-MV (Demenz: lebensweltorientierte und personenzentrierte Hilfen in Mecklenburg-Vorpommern; Reg.-Nr.: NCT01401582).

Ergebnisse: Der Artikel identifiziert sechs Hürden der translationalen Versorgungsforschung: (a) Sektoralisierung des Gesundheitswesens, (b) notwendige Qualifikation des Personals, (c) Mittelknappheit im Gesundheitswesen, (d) Herausforderungen im Translationsprozess, (e) zu feste Strukturen des Gesundheitswesens und (f) mangelnde Verknüpfungen zwischen Versorgungsforschung und Praxis.

Diskussion: Der Artikel illustriert die Bedeutsamkeit der Identifizierung von Hürden bei translationalen Versorgungsforschungsprojekten in der Projektplanungsphase, während der Durchführung des Projektes sowie bei der Implementation in die Routineversorgung. Eine Gesamtstrategie von Versorgungsforschern, Versorgungspraktikern und Gesundheitspolitikern erscheint uns unbedingt notwendig, um einheitliche Lösungen zur Bewältigung der angeführten Hürden zu entwickeln.

Schlüsselwörter: Translation, Versorgungsforschung, Demenzversorgung, evidenzbasierte Konzepte.

I. Einleitung

Derzeitig leben ca. 1,6 Millionen Menschen mit Demenz (MmD) in Deutschland. In den nächsten Jahren wird sich die Prävalenz der MmD etwa verdoppeln, da einhergehend mit der Zunahme der Anzahl älterer Menschen die Prävalenz altersassoziierter Krankheiten steigen wird. Aufgrund der aktuellen geringen Geburtenrate wird sich jedoch nicht nur die Anzahl der Älteren erhöhen, sondern es kommt insgesamt auch zu einer Erhöhung des Anteils älterer Menschen an der Gesamtbevölkerung (Alzheimer's Disease International 2016). Beide Prozesse stellen gesamtgesellschaftliche Herausforderungen dar, die sich nicht nur auf das Gesundheitssystem auswirken werden, sondern auch mit erheblichen Gesundheitsausgaben für die Kranken- und Pflegeversicherungen verbunden sind (Michalowsky et al. 2018). Daher sind innovative Versorgungsansätze von fundamentaler Bedeutung. Solche Ansätze zielen auf eine möglichst frühzeitige und umfassende Versorgung ab. Ziel ist es, die Progression der Demenz zu verzögern, körperliche Fähigkeiten und soziale Inklusion der MmD zu erhalten. Im Vordergrund stehen dabei (a) eine möglichst frühzeitige Identifikation kognitiv beeinträchtigter und an Demenz erkrankter Menschen, (b) eine leitliniengerechte Differentialdiagnostik der Betroffenen, (c) eine adäquate medizinische, pflegerische, psychosoziale, medikamentöse und nicht-medikamentöse Behandlung der Demenz sowie (d) die adäquate Behandlung der Multimorbidität der betroffenen Patienten, mit besonderem Augenmerk auf Behandlungen, die durch das Vorliegen einer Demenz erschwert werden, aber auch auf diejenigen, die umgekehrt den Verlauf einer Demenz negativ beeinflussen können. Die Integration der Demenzbehandlung in eine multiprofessionelle und sektorenübergreifende Versorgung ist daher unabdingbar, um die in den Leitlinien geforderte ganzheitliche und umfassende Versorgung des MmD zu gewährleisten (Bickel & e.V. 2012). Neben den Erkrankten stehen stets auch die pflegenden Angehörigen im Fokus, welche den Großteil der Versorgung der MmD leisten, dabei aber häufig selbst gesundheitliche wie auch soziale Einschränkungen erfahren (Zwingmann et al. 2018). Versorgungsmodelle, die diesem Anspruch gerecht werden, werden als „collaborative care" bezeichnet, wobei auch Begriffe wie „integrated care", „integrated primary care" oder „shared care" in der Literatur verwendet werden (Fox 2016). Auch wenn es im internationalen Bereich bereits vereinzelt wissenschaftliche Evidenz zur Wirksamkeit dieser Konzepte gibt (Boustani et al. 2011; LaMantia et al. 2015), waren wissenschaftliche Studien zur Wirksamkeit dieses Ansatzes in einem methodisch anspruchsvollen Design in Deutschland zuvor noch nicht durchgeführt worden.

II. Innovativer Versorgungsansatz: Dementia Care Management

Ein Konzept, welches sowohl die Optimierung der Versorgung von MmD adressiert als auch die pflegenden Angehörigen entlastet, ist das am Deutschen Zentrum für Neurodegenerative Erkrankungen (DZNE) entwickelte Dementia Care Management (DCM) der DelpHi-MV Studie. Die DelpHi-MV Studie ist eine hausarztbasierte, cluster-randomisierte kontrollierte Interventionsstudie zur Evaluation eines innovativen, hausarztbasierten subsidiären Versorgungsmodells für zuhause lebende MmD und deren Betreuungspersonen (Thyrian et al. 2012).

An der Delphi-MV-Studie nahmen n=136 Hausärzte und n=634 MmD teil. Speziell geschulte Pflegefachkräfte, die „Dementia Care Manager", haben MmD und deren Angehörige in der Häuslichkeit besucht und systematisch deren medizinische, pflegerische, psychosoziale und sozialrechtliche Versorgungs- und Unterstützungsbedarfe erfasst. In der Abbildung 1 sind die Bestandteile der Intervention zusammengefasst. Die Bedarfe wurden in einen individuellen Interventionsplan überführt, dieser mit dem behandelnden Hausarzt besprochen und mit diesem gemeinsam umgesetzt (Thyrian & Hoffmann 2012; Eicheler et al. 2014). Die Kontrollgruppe erhielt während der gesamten Studienlaufzeit die routinemäßige Behandlung durch den Hausarzt.

Die Ergebnisse nach einem Jahr Follow-up zeigten, dass MmD besser medikamentös versorgt wurden und weniger neuropsychiatrische Symptome aufwiesen (Thyrian et al. 2017). Diese Verhaltensweisen umfassen unter anderem Aggressivi-

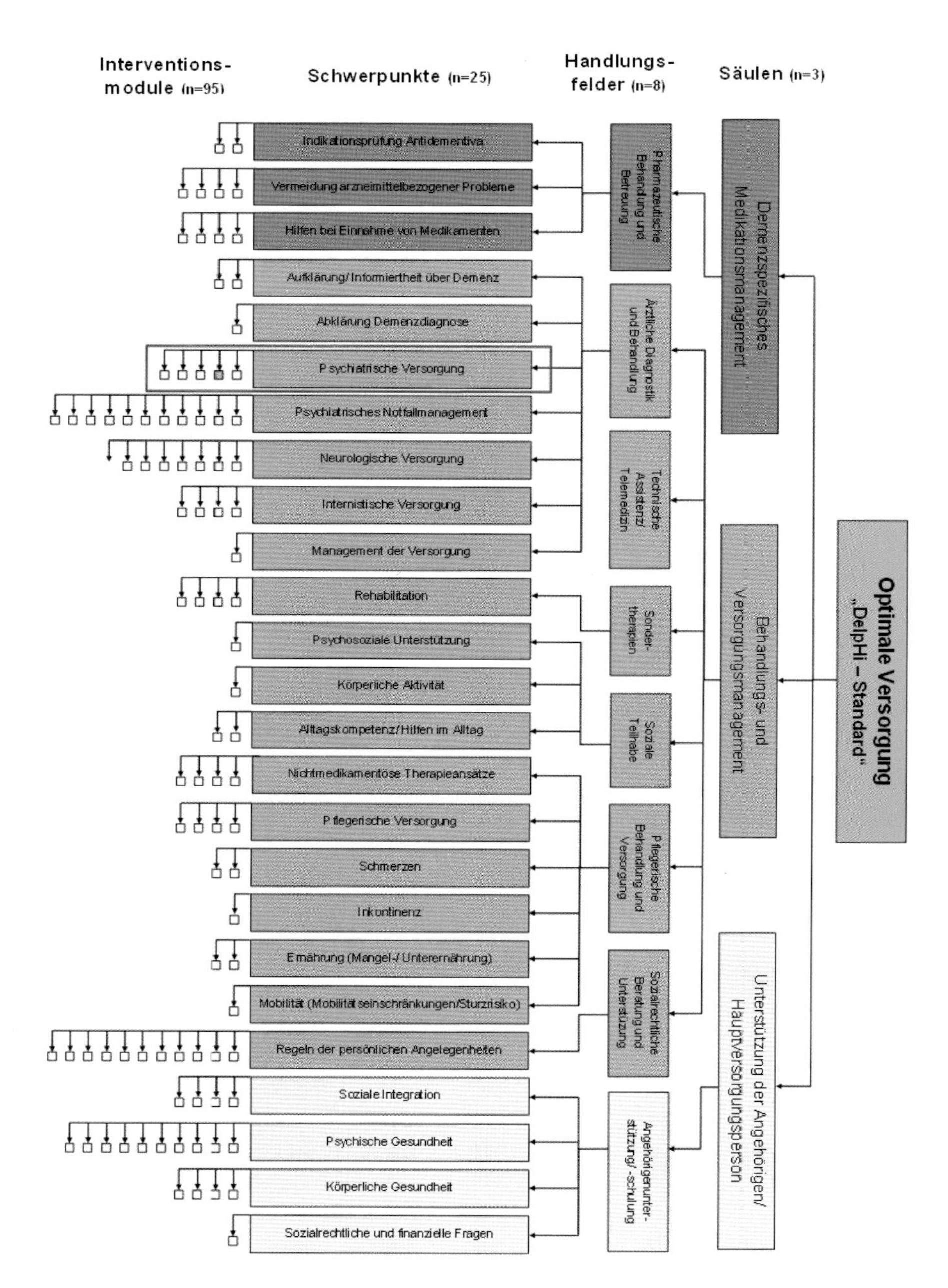

Abbildung 1: DelpHi-Standard zur optimalen Versorgung von Menschen mit Demenz (Eichler et al., 2014)

tät, Depression, Angstzustände, Reizbarkeit, Teilnahmslosigkeit sowie Störungen des Schlaf- und Essverhaltens. Ebenfalls konnte festgestellt werden, dass die Angehörigen weniger belastet waren (Zwingmann et al. 2017). Darüber hinaus wies ein Großteil der MmD (Subgruppe derer, die nicht alleine lebten) eine signifikant höhere Lebensqualität auf und verblieb länger im häuslichen Umfeld (Hinweis auf verzögerte Heimeinweisung).

III. Hürden der translationalen Versorgungsforschung

Das Versorgungskonzept, welches signifikant zur Verbesserung der Lebens- und Versorgungssituation der MmD sowie deren pflegenden Angehörigen beitragen kann, sollte nun in die Routineversorgung überführt werden. Während das Versorgungskonzept innerhalb der Forschungscommunity sehr viel Zuspruch erfahren hat und eine Weiterentwicklung des Konzeptes in mehreren Folgeprojekten finanziell gefördert wird, zeigte sich, dass verschiedene Hindernisse überwunden werden müssen, um das Konzept erfolgreich in die Routineversorgung zu implementieren. Insgesamt konnten wir die folgenden sechs Hürden bei der Translation des evidenz-basierten Konzeptes in die Routineversorgung identifizieren: (1) Sektoralisierung des Gesundheitswesens, (2) Verfügbarkeit und Qualifikation des Personals, (3) Mittelknappheit im Gesundheitswesen, (4) unklare Ansatzpunkte des Translationsprozesses, (5) starre Strukturen des Gesundheitswesens und (6) mangelnde Verknüpfungen zwischen Versorgungsforschung und Praxis. Tabelle 1 fasst die sechs Hürden der translationalen Versorgungsforschung zusammen.

Die erste Hürde „Sektoralisierung des Gesundheitswesens" umfasst die Faktoren Wirkungsbereich der Intervention, sektorenübergreifender Charakter des Versorgungsansatzes sowie Verantwortungsdiffusion. Das evidenzbasierte Versorgungskonzept DCM umfasst eine Multi-Komponenten-Intervention, die sowohl pflegerische als auch medizinische und soziale Versorgungsbedarfe adressiert. Die gesundheitsökonomischen Analysen zeigten, dass die Intervention zu einer leichten Kostenerhöhung zu Ungunsten der gesetzlichen Krankenversicherungen (SGB V) führte (insbesondere Anstieg der Inanspruchnahme von Fachärzten, Optimierung der Medikation) und zu deutlichen Kostenverringerungen zugunsten der Pflegeversicherungen (SGB XI) führte (insbesondere Verzögerung der Heimeinweisung). Darüber hinaus erschwert der sektorenübergreifende Charakter des Versorgungsansatzes die Translation in die Routineversorgung, wo die sozial-

Hürden	Faktoren
Sektoralisierung des Gesundheitswesens	• Unterschiedliche Wirkungsbereiche der Intervention: z.B. durch Kostenerhöhung im Bereich SGB V vs. Kostenverringerung SGB XI • Sektorenübergreifende Versorgungsansätze rechtlich oft nur schwer umsetzbar (z.B. über IV Verträge gem. §140 SGB V) • Verantwortungsdiffusion zwischen Sektoren sowie zwischen Pflege- und Krankenversicherung und den Institutionen des Gesundheitswesens
Verfügbarkeit und Qualifikation des Personals	• Bestehender, zunehmender Personalnotstand in der Pflege • Fehlende Curricula zur Qualifikation sowie Finanzierung der Qualifikationen • Verfügbarkeit von Bildungsträgern begrenzt, spezielle Kompetenz oft fraglich
Mittelknappheit im Gesundheitswesen	• Budget zur Finanzierung neuer Innovationen meist nicht gegeben • Abwägung von effektiven Konzepten (Ressourcenallokation) – nicht alle können implementiert werden
Ansatzpunkte des Translationsprozesses	• Bottom-up oft schwieriger als Top-down: Effektives Konzept auf der Suche nach Translationspartner ist weniger erfolgreich als ein effektives Konzept der Kassen, des Bundesministeriums für Gesundheit oder des Gemeinsamen Bundesausschuss, bei dem ein oder mehrere Translationspartner schon während der Projektlaufzeit beteiligt waren
Starre Strukturen des Gesundheitswesens	• Behäbigkeit der Strukturen im Gesundheitswesen • Bereits etablierte (zum Teil nicht evidenzbasierte) Konzepte verhindern neue evidenzbasierte effektive Konzepte • Umstrukturierungen bei betroffenen Professionen unerwünscht
Mangelnde Verknüpfungen zwischen Forschung und Praxis	• Forschung ist oft nicht transparent genug und erreicht häufig nicht die Praxis • Keine systematische Austauschplattform zwischen Forschung und Praxis

Tabelle 1: Die sechs Hürden der translationalen Versorgungsforschung

rechtlichen Voraussetzungen für solche Ansätze nur teilweise vorhanden sind (z. B. über IV Verträge gem §140 SGB V). Der Ansatz sowie die Versorgungsleistungen des evidenzbasierten Konzeptes beziehen sich sowohl auf Leistungen der gesetzlichen Krankenversicherungen (SGB V) als auch auf Leistungen der Pflegeversicherungen (SGB XI). Bei den Verhandlungen mit führenden Kranken- und Pflegeversicherungen führten diese Aspekte zu einer deutlich wahrnehmbaren Hürde und zu einer Verantwortungsdiffusion zwischen den Sektoren sowie zwischen Pflege- und Krankenversicherung. Die Hürde „Sektoralisierung des Gesundheitswesens" bildete für das evidenzbasierte Konzept DCM das bedeutsamste Hindernis bei der Translation in die Routineversorgung und konnte trotz vieler Verhandlungen und weiteren Modellprojekten (noch) nicht bewältigt werden.

Die zweite Hürde bildet die „Verfügbarkeit und Qualifikation des Personals" und subsumiert die Faktoren des bestehenden Personalnotstands in der Pflege, fehlende Curricula zur Qualifikation, Finanzierung der Qualifikation sowie die Verfügbarkeit von Bildungsträgern. Bisherige Studien zeigen, dass Hausärzte aufgrund der zumeist jahrelangen Betreuung der MmD und dem damit einhergehenden gewachsenen Vertrauensverhältnis die primären Ansprechpartner und wichtigsten ärztlichen Bezugspersonen für die häufig multimorbiden MmD und ihre pflegenden Angehörigen sind (Thyrian et al. 2016). Sie stellen eine feste Anlaufstelle für die Patienten und ihre Angehörigen dar und nehmen neben der kontinuierlichen Betreuungsfunktion eine Schlüsselrolle in den Bereichen Früherkennung, Aufklärung, Therapie und Vermittlung weiterer Hilfs- und Betreuungsangebote ein (Callahan et al. 2006). Allerdings besteht in einer wachsenden Zahl von Regionen in Deutschland ein Mangel an Allgemeinmedizinern – verantwortlich dafür ist vor allem der steigende Behandlungsbedarf einer alternden Gesellschaft (Kassenärztliche Bundesvereinigung 2010). Beispielsweise waren im Flächenland Mecklenburg-Vorpommern im Jahr 2010 rund 1.100 niedergelassene Hausärzte tätig. Laut Angaben der Kassenärztlichen Vereinigung Mecklenburg-Vorpommern wiesen davon in 2009 39,4 % der ambulant tätigen Hausärzte ein Alter zwischen 50 und 59 Jahren auf. Weitere 21,0 % waren zu diesem Zeitpunkt 60 Jahre und älter. Im Jahr 2010 bestanden 109 freie Hausarztsitze. Bereits heute besteht somit ein Nachwuchsmangel in der primärärztlichen Versorgung. Mit Blick auf die Altersgruppe der 60-jährigen und älteren Mediziner ist künftig von einer Verschärfung der derzeitigen Versorgungssituation auszugehen.

Der fortschreitende Verlauf der Demenzerkrankung geht mit einem zunehmenden Pflegebedarf seitens der MmD und einem steigenden Unterstützungsbedarf auf Seiten der pflegenden Angehörigen einher (Mansfield, Boyes, Bryant, & Sanson-Fisher 2017). Folglich kommen der pflegerischen Profession elementare Aufgaben innerhalb der Demenzversorgung zu. Mit bundesweit rund 1,3 Millionen Beschäftigten in der professionellen Pflege ist hier ein erhebliches Potential für die Versorgung und Betreuung von MmD und ihren pflegenden Angehörigen zu sehen (Dreier-Wolfgramm et al. 2017). Die bestehende Aus- und Weiterbildungssituation in Bezug auf demenzielle Erkrankungen zeigt, dass bereits im Rahmen der Ausbildung in der Gesundheits- und Krankenpflege bzw. Altenpflege die Thematik der demenziellen Erkrankungen zunehmend an Bedeutung gewinnt. Durch die Vielzahl der bereits bestehenden Fort- und Weiterbildungsoptionen können Teilaspekte der Versorgung von MmD sowie der Unterstützung pflegender Angehöriger abgedeckt werden (Dreier, Thyrian, Eichler, & Hoffmann, 2016). Jedoch fehlt es bislang an einer Qualifizierung, die auf das spezifische Aufgabenfeld der ambulanten, netzwerkbezogenen Demenzversorgung fokussiert und damit einerseits auf die Erweiterung der professionellen Fähigkeiten von Pflegefachpersonen im Hinblick auf die ambulante Demenzversorgung und Angehörigenentlastung abzielt und andererseits die transparente und abgestimmte Zusammenarbeit von allen am Netzwerk beteiligten Akteuren unterstützt. Daher entwickelten wir eine innovative, evidenzbasierte Qualifizierung für Pflegefachpersonen in diesem Aufgabenfeld und bemühen uns derzeit um die Translation an bundesweite Aus- und Weiterbildungsinstitute. In unserer Bedarfsanalyse konnten wir bei einer Grundgesamtheit von 900.000 MmD in der Häuslichkeit und einem durchschnittlichen Personalschlüssel von 156 MmD pro DCM einen bundesweiten Bedarf von 5769 DCMs (als Vollzeitkräfte) ermitteln. Unter der Annahme, dass durchschnittlich 75% der Pflegefachkräfte einer Vollzeitbeschäftigung nachgehen, entsteht ein Bedarf von 7211 auszubildenden Pflegefachpersonen. 7211 auszubildende Pflegefachpersonen entsprechen dabei 2.1% aller bundesweit in der ambulanten Pflege tätigen Pflegefachpersonen. Trotz des steigenden Bedarfes an Pflegefachpersonal für MmD und ihre pflegenden Angehörigen erschweren insbesondere der Nachwuchsmangel in der Pflege, fehlende (evidenzbasierte) Curricula zur Qualifikation, geringe Verfügbarkeit von Bildungsträgern sowie sehr eingeschränkte Finanzierungsmöglichkeiten der Qualifikation die Translation in die Routineversorgung.

Die dritte Hürde „Mittelknappheit im Gesundheitswesen" umfasst die Faktoren des geringen Budgets zur Finanzierung neuer Innovationen und die Abwägung von effektiven Konzepten (Ressourcenallokation). Obwohl die Zahl an Ausschreibungen und öffentlichen Fördermaßnahmen für die Versorgungsforschung drastisch gestiegen ist (u. a. Innovationsfonds, Aktionsplan Versorgungsforschung des Bundesministeriums für Bildung und Forschung, Fördergelder für Programme des Bundesministeriums für Gesundheit), ist bisher noch unklar, wie die evidenzbasierten Projekte ihren Weg in die Regelversorgung finden und dann langfristig finanziert werden können (Nellessen-Martens & Hoffmann, 2017). Im Fall des evidenzbasierten Konzeptes DCM konnte trotz Zusage einer (finanziellen) Förderung durch den GKV Spitzenverband bisher keine Krankenkasse gefunden werden, die ein Budget zur (Teil-)Finanzierung des Konzeptes im Rahmen eines Modellprojektes zur Verfügung stellt. Dabei spielte das geringe Budget zur Finanzierung von Innovationen (trotz Überschüsse der Krankenkassen) sowie die Abwägung gegen bereits bestehende, finanzierte (häufig nicht evidenzbasierte) Konzepte in diesem Bereich eine wichtige Rolle (Ressourcenallokation).

Die vierte Hürde „Translationsprozess" umfasst den Aspekt, dass ein evidenzbasiertes Konzept, das von einem gesundheitspolitisch einflussreichen Mittelgeber finanziert worden ist (z.B. Bundesministerium für Gesundheit, Kranken- und Pflegekasse), möglicherweise weniger Hürden bei der Translation in die Routineversorgung zu bewältigen hat als ein evidenzbasiertes Konzept von einem anderen Mittelgeber. So konnte unsere vom Bundesministerium für Gesundheit geförderte Studie „Demenznetzwerke in Deutschland" (DemNet-D) eine erfolgreiche Translation der wissenschaftlichen Erkenntnisse in die Praxis generieren. Die Ergebnisse von DemNet-D zeigten, dass MmD in Netzwerkstrukturen häufiger eine evidenzbasierte, leitliniengerechte demenzspezifische Versorgung erhielten (Wübbeler et al. 2017). Die Studienergebnisse von DemNet-D wurden im zweiten Pflegestärkungsgesetz, im §45c Absatz 9 des Sozialgesetzbuches XI, integriert: Damit wird es Pflegekassen und privaten Versicherungsunternehmen ermöglicht, regionale, selbst organisierte Gesundheitsnetzwerke mit jährlich bis zu 20.000 Euro zu unterstützen. Den bundesweit insgesamt 402 Kreisen oder kreisfreien Städten stehen dazu Mittel des Ausgleichfonds zur Verfügung. Das Projekt DemNet-D ist damit ein erfolgreiches Beispiel für translationale Versorgungsforschung und konnte diesen erfolgreichen Translationsprozess unter anderem durch die Unterstützung des gesundheitspolitisch einflussreichen Mittelgebers erreichen. Ob und ggf. auf welchen Wegen die angekündigte Translation positiv evaluierter Projekte des Innovationsfonds in die Regelversorgung gelingt, bleibt derzeit abzuwarten.

Die fünfte Hürde subsumiert Faktoren bezüglich der „Festen Strukturen des Gesundheitswesens". Bei der Translation des evidenzbasierten Konzeptes DCM waren insbesondere die Behäbigkeit der Strukturen im Gesundheitswesen, bereits etablierte (nicht evidenzbasierte) Konzepte sowie die notwendigen, aber von den betroffenen Professionen nicht erwünschten Umstrukturierungen bedeutsame Hindernisse bei der Translation.

Die letzte Hürde „mangelnde Verknüpfungen zwischen Versorgungsforschung und Praxis" adressiert die Versorgungsforschung selbst, in der viele evidenzbasierte Konzepte nicht transparent und öffentlichkeitswirksam entwickelt werden, Betroffene häufig nicht angemessen beteiligt werden, keine Strategien zur Translation in die Routineversorgung entwickelt werden sowie die Ergebnisse der Praxis nicht niederschwellig zur Verfügung gestellt werden (z.B. Veröffentlichungen in high-impact Journals). Versorgungsforscher sollten neben der Wirksamkeit eines Konzeptes auf patientenbezogene Variablen sowie (gesundheitsökonomische) Konsequenzen insbesondere nachweisen, welche patienten- und versorgungsbezogenen Ergebnisse im Vergleich zur derzeit bestehenden Routineversorgung konkret verbessert werden können. Hierfür ist in aller Regel eine modellhafte Implementierung und Evaluation in der Routineversorgung erforderlich. Dabei sollten schon während des Projektes alle an der Versorgung involvierten Leistungserbringer involviert werden und die Prozesse, Möglichkeiten und Hürden einer späteren Translation identifiziert werden. Versorgungsforscher sollten Synergieeffekte und vorhandene Versorgungsdienstleistungen nutzen sowie die Doppelung von Versorgungsleistungen vermeiden. Neben dem individuellen Patientennutzen sollten Versorgungsforscher den gesamtgesellschaftlichen Nutzen adressieren und insbesondere realistische Konzeptionen zu wirtschaftlichem, wissenschaftlichem und technischem Implementieren erstellen. Besondere Anstrengungen sollten Versorgungsforscher unternehmen, um die Studienergebnisse und den gesamtgesellschaftlichen Nutzen innovativer Versorgungskonzepte in der allgemeinen Öffentlichkeit bekannt zu machen. Hierzu zählen unter anderem Pressemitteilungen, Beiträge in Zeitungen, Funk und Fernsehen, öffentliche Vorträge, Aktivitäten in den sozialen Medien und die Erstellung und Pflege einer Projekt-Website.

IV. Diskussion

Die Herausforderungen an die primärärztliche Versorgung von MmD und ihre pflegenden Angehörigen haben sich in den letzten Jahren deutlich entwickelt. Die hier vorgestellten primärärztlichen Versorgungsmodelle geben einen Überblick, welche Fragen in den letzten 20 Jahren beantwortet werden konnten, welche neuen Herausforderungen sich ergeben haben und welche zukünftigen Forschungsfelder sich daraus eröffnen. Prävalenz- und Inzidenzstudien zur Morbidität und zum Versorgungsbedarf zeigen, wie stark das Gesundheitssystem zukünftig belastet werden wird. Die bisherigen Studien zu Risikofaktoren und protektiven Faktoren unterstützen es, Ansatzpunkte für Interventionen zu entwickeln und zeigen Bereiche, in denen sich das Gesundheitssystem verändern sollte. Es existieren wissenschaftliche Methoden, um Versorgungsinterventionen auf ihre Wirksamkeit hin routinenah zu evaluieren. Diese wurden in den vorgestellten Modellprojekten verwendet und konnten teilweise zu nachhaltigen Veränderungen im Versorgungssystem führen. Zudem bestehen versorgungsforschungsspezifische Herausforderungen in der Anwendung wissenschaftlicher Methoden, die in diesem Beitrag aufgezeigt wurden und in zukünftigen Studien berücksichtigt werden sollten. Die in diesem Artikel angeführten sechs Hürden der translationalen Versorgungsforschung adressieren Versorgungsforschung, Versorgungspraxis und Gesundheitspolitik. Leider ist es bisher in Deutschland nicht gelungen, Mechanismen, Strategien und Infrastrukturen zu entwickeln, um diese sechs Hürden (erfolgreich) zu bewältigen und damit den Transfer von evidenzbasierten neuen Versorgungsformen in die Routineversorgung zu ermöglichen (Hoffmann, Zwingmann, van den Berg, & Biermann 2018). Sollten diese Hürden in Zukunft nicht besser bewältigt werden, ist davon auszugehen, dass viele der innovativen, evidenzbasierten Versorgungskonzepte trotz erfolgreicher Ergebnisse und hoher Wirksamkeit nicht in die Praxis transferiert werden und damit zu keiner Verbesserung der Gesundheitsversorgung führen können. Eine Gesamtstrategie von Versorgungsforschern, Versorgungspraktikern und Gesundheitspolitikern ist unbedingt notwendig, um einheitliche Lösungen zur Bewältigung der angeführten Hürden zu entwickeln und umzusetzen, damit evidenzbasierte Konzepte tatsächlich bei der Zielgruppe ankommen, der sie helfen sollen: bei den Patienten.

Literatur

Alzheimer's Disease International (2016): Weltalzheimerbericht 2016 (pp. 140). (Reprinted from: In File).

Bickel, H.; e.V., D. A. G. (2012): Die Epidemiologie der Demenz. Das Wichtigste. Online verfügbar unter http://www. deutsche-alzheimer. de/fileadmin/alz/pdf/factsheets/infoblatt1_haeufigkeit_demenzerkrankungen_dalzg. pdf.

Boustani, M. A.; Sachs, G. A.; Alder, C. A.; Munger, S.; Schubert, C. C.; Guerriero, A. M.; ... Callahan, C. M. (2011). Implementing innovative models of dementia care: The Healthy Aging Brain Center. In: *Aging Ment Health* 15(1), S. 13–22.

Callahan, C. M.; Boustani, M. A.; Unverzagt, F. W.; Austrom, M. G.; Damush, T. M.; Perkins, A. J.; ... Hendrie, H. C. (2006): Effectiveness of collaborative care for older adults with Alzheimer disease in primary care: a randomized controlled trial. In: *JAMA* 295(18), S. 2148–2157.

Dreier-Wolfgramm, A.; Michalowsky, B.; Austrom, M. G.; van der Marck, M. A.; Iliffe, S.; Alder, C.; ... Hoffmann, W. (2017): Dementia care management in primary care : Current collaborative care models and the case for interprofessional education. In: *Zeitschrift für Gerontologie und Geriatrie* 50(2), S. 10. DOI: 10.1007/s00391-017-1220-8.

Dreier, A.; Thyrian, J. R.; Eichler, T.; Hoffmann, W. (2016): Qualifications for nurses for the care of patients with dementia and support to their caregivers: A pilot evaluation of the dementia care management curriculum. In: *Nurse Educ Today* 36, S. 310–317. DOI: 10.1016/j.nedt.2015.07.024.

Eichler, T.; Thyrian, J. R.; Dreier, A., Wucherer, D., Köhler, L., Fiß. T., Böwing, G., Michalowsky, B & Hoffmann, W. (2014): Dementia care management: going new ways in ambulant dementia care within a GP-based randomized controlled intervention trial. In: *International Psychogeriatrics* 26(2), S. 247–256. DOI: 10.1017/S1041610213001786.

Eichler, T.; Thyrian, J. R.; Fredrich, D.; Köhler, L.; Wucherer, D.; Michalowsky, B.; ... Hoffmann, W. (2014): The benefits of implementing a computerized intervention-management-system (IMS) on delivering integrated dementia care in the primary care setting. In: *International Psychogeriatrics* 26(8), S. 1377–1385. DOI: 10.1017/S1041610214000830.

Fox, C.; Hilton, A.; Laidlaw, K.; Thyrian, J. R.; Maidment, I.; Smithard, D. G. (2016): Role of Specialist Care in Dementia. In: C. Chew-Graham; Ray, M. (Ed.): *Mental Health and Older People.* Switzerland: Springer, Cham., S. 267–282.

Hoffmann, W.; Zwingmann, I.; van den Berg, N.; Biermann, J. (2018): Deutscher Kongress für Versorgungsforschung. In: *Bundesgesundheitsblatt – Gesundheits-*

forschung – Gesundheitsschutz 61(3), S. 367–370. DOI: 10.1007/s00103-018-2698-y.

Kassenärztliche Bundesvereinigung (2010): Versichertenbefragung der Kassenärztlichen Bundesvereinigung 2010 – Ergebnisse einer repräsentativen Bevölkerungsumfrage. Mannheim. (Reprinted from: Not in File).

LaMantia, M. A.; Alder, C. A.; Callahan, C. M.; Gao, S. J.; French, D. D.; Austrom, M. G.; ... Boustani, M. A. (2015): The Aging Brain Care Medical Home: Preliminary Data. In: *Journal of the American Geriatrics Society* 63(6), S. 1209–1213. DOI: 10.1111/jgs.13447.

Mansfield, E.; Boyes, A. W.; Bryant, J.; Sanson-Fisher, R. (2017): Quantifying the unmet needs of caregivers of people with dementia: a critical review of the quality of measures. In: *International Journal of Geriatric Psychiatry* 32(3). DOI: 10.1002/gps.4642.

Michalowsky, B.; Flessa, S.; Eichler, T.; Hertel, J.; Dreier, A.; Zwingmann, I.; ... Hoffmann, W. (2018): Healthcare utilization and costs in primary care patients with dementia: baseline results of the DelpHi-trial. In: *Eur J Health Econ* 19(1), S. 87–102. DOI: 10.1007/s10198-017-0869-7.

Nellessen-Martens, G.; Hoffmann, W. (2017): Versorgungsforschung – eine Disziplin im Aufschwung. In: *G+G WISSENSCHAFT (GGW)* 17(1), S. 7–15.

Thyrian, J.; Hertel, J.; Wucherer, D.; Eichler, T.; Michalowsky, B.; Dreier-Wolfgramm, A.; ... Hoffmann, W. (2017): Effectiveness and safety of dementia care management in primary care: A randomized clinical trial. In: *JAMA Psychiatry* 74(10), S. 996–1004. DOI: 10.1001/jamapsychiatry.2017.2124.

Thyrian, J. R.; Eichler, T.; Pooch, A.; Albuerne, K.; Dreier, A.; Michalowsky, B.; ... Hoffmann, W. (2016): Systematic, early identification of dementia and dementia care management are highly appreciated by general physicians in primary care - results within a cluster-randomized-controlled trial (DelpHi). In: *Journal of Multidisciplinary Healthcare* 9, S. 183–190. DOI: 10.2147/JMDH.S96055.

Thyrian, J. R.; Fiss, T.; Dreier, A.; Bowing, G.; Angelow, A.; Lueke, S.; ... Hoffmann, W. (2012): Life- and person-centred help in Mecklenburg-Western Pomerania, Germany (DelpHi): study protocol for a randomised controlled trial. In: *Trials* 13(1), S. 56. DOI: 10.1186/1745-6215-13-56.

Thyrian, J. R.; Hoffmann, W. (2012): Dementia care and general physicians-a survey on prevalence, means, attitudes and recommendations. In: *Central European journal of public health* 20(4), S. 270–275.

Wübbeler, M.; Thyrian, J. R.; Michalowsky, B.; Erdmann, P.; Hertel, J.; Holle, B.; ... Hoffmann, W. (2017): How do people with dementia utilize primary care physicians and specialists within dementia networks? Results of the Dementia Networks in Germany (DemNet-D) study. In: *Health and Social Care In The Community* 25(1), S. 285–294. DOI: 10.1111/hsc.12315.

Zwingmann, I.; Hoffmann, W.; Michalowsky, B.; Dreier-Wolfgramm, D.; Hertel, J.; Wucherer, D.; … Thyrian, R. (2017): Supporting family dementia caregivers: testing the efficacy of dementia care management on multifaceted caregivers' burden. In: *Aging & Mental Health*. DOI:10.1080/13607863.2017.1399341.

Zwingmann, I.; Hoffmann, W.; Michalowsky, B.; Wucherer, D.; Eichler, T.; Teipel, S.; … Thyrian, J. R. (2018): Offene Versorgungsbedarfe pflegender Angehöriger von Menschen mit Demenz. In: *Der Nervenarzt* 89(5), S. 495–499. DOI: 10.1007/s00115-018-0509-1.

Implementation Science in Healthcare Practice: An Emerging Scientific Field

Michel Wenisng

I. Introduction

This contribution focuses on the internationally emerging field of implementation science in healthcare. Implementation is a short name for targeted action to improve the uptake of knowledge-based innovations, such as evidence-based clinical interventions or service delivery models. Targeted action may use a wide range of strategies, varying from continuing education of health professionals to changes in the reimbursement of healthcare providers. Targeted action may be unnecessary, if the uptake of an innovation happens fast and completely. However, in most cases targeted action is required to achieve comprehensive and sustained implementation in a reasonable time frame. Besides the introduction of innovations, so new practices, implementation programs may also aim at stopping existing practices with low value for patients and populations. This has been labelled *de-implementation*. It is important that decision makers in healthcare can both quickly implement a valid recommendation and quickly de-implement a recommendation that has become obsolete or redundant.

Implementation Science in healthcare is particularly present in the United States, Canada, and the United Kingdom. In the English-speaking world, implementation science has been defined 'the scientific study of methods to promote the systematic uptake of proven treatments, practices, organisational and management interventions into routine practice, and hence improve health' (Eccles et al. 2012). This definition links it closely to the evidence-based healthcare movement. However, terminology is confusing in the field of implementation in healthcare. In Canada, the field is usually labelled as knowledge transfer, which is largely similar to implementation science in healthcare. In the United States, a distinction between dissemination and implementation is commonly made. Dissemination refers to the spread of information to inform a target group, while implementation refers to strategies which are targeted to change healthcare delivery. Compared to implementation science, quality management has a broader set of goals (including changes that are not knowledge-based) and potentially a smaller set of strategies to achieve these (mainly short-cycle improvement projects and supportive institutional leadership).

The key questions for implementation science may be summarized as follows: (a) What are the effects of various strategies aiming at implementation of innovations in healthcare practice? (b) Which factors, mechanisms and processes are associated with the uptake of innovations? (c) How can sustained and large-scale uptake of innovations be achieved? Implementation science is a multidisciplinary field of outcomes research, which strives for high scientific rigour and aims to support decision makers in healthcare.

II. Rationale for Implementation Science

In many cases, implementation starts with research of prevailing healthcare practice. Studies of current practice often show variation of performance between healthcare providers or geographic areas. Such variation by itself is not problematic, because it may reflect differences in patient populations (with different health needs) and appropriate variation in clinical decisions. If the promises of personalized medicine become reality, variation in treatment across individual patients may become larger than they currently are. On the other hand, if the practice variation reflects gaps between knowledge and practice, or variations that are not wanted by stakeholders, they are of concern as they identify room for improvement in healthcare practice (Wensing 2015).

Despite obvious performance gaps in many domains of healthcare, the implementation of knowledge into healthcare practice is often difficult and slow. The impact of implementation strategies is occasionally large, but more often small to modest (Grimshaw et al. 2012: 50). Implementation strategies, such as continuing professional education, organisational changes in healthcare delivery, and financial incentives for healthcare providers, aim to enhance the uptake of innovations or other knowledge-based items. They primarily target the performance of healthcare professionals and healthcare organisations, aiming to improve outcomes for patients and populations.

The overall moderate impact of implementation strategies in healthcare may seem disappointing, as it seems to reflect imperfections of individuals (healthcare professionals, managers, patients) and organisations in healthcare. The field of implementation science aims to offer approaches to overcome these imperfections. The slow uptake of knowledge in healthcare practice is, at least partly, a consequence of the professional autonomy of healthcare professionals and the distributed power between stakeholders in healthcare systems. These may be counterproductive, if they are associated with vested interests, which go against the interests of patients and populations. Professional autonomy and distributed power may also be regarded desired features, if they come with responsibility in healthcare professionals and healthcare policy makers.

Although implementation often implies a change of professional practice and healthcare delivery, the publication of a high-quality innovation may occasionally require that change is resisted. For instance, a published innovation may prevent changes in evidence-based practices despite perverse financial incentives. Despite this caveat, the implementation of innovations often requires changes of healthcare practice, so this contribution largely focuses on how change of healthcare practice can be achieved.

III. Dissemination Strategies

Awareness and understanding of an innovation are key requirements for its implementation into routine healthcare practice. The uptake of innovations in healthcare has been the topic of research over several decades, which has contributed to a body of knowledge on the diffusion of innovations (Rogers 1995). This has led to the specification subgroups in populations with respect to their receptiveness to innovations. Besides small groups of *innovators* and *early adopters*, each population is supposed to have an *early majority* (who picks up innovations from reading and education) and a *late majority* (who picks up innovations from peers and opinion leaders). An individual may be in the early majority regarding a specific recommendation, but among early adopters regarding a different recommendation. A final group – the *laggards* – resists innovation and can only be forced to change.

Most research on the diffusion of innovations was done long before the World Wide Web changed the world. In current times, access and exposure to innovations, such as clinical practice innovations, seems no longer a major challenge.

Currently, the prioritisation and selection of relevant items from a large flow of information is more likely the major challenge for decision makers in healthcare. Therefore, it has become even more important to consider how individuals prioritize information. It can be hypothesized that the role of professional peers, opinion leaders, and recognized authorities has become larger, because they can influence how individuals value pieces of information. This is also so for individuals who actively seek information through reading and education.

It seems plausible that the dissemination activities should be tailored to the audience and setting, and that a combination of different methods is usually required. Many healthcare professionals get information from contacts with their colleagues and from well-known educational sources, such as professional journals and continuing education sessions. Dissemination will mainly reach and influence the population segments of the early majority and the early adopters, which comprise half of the targeted population at most according to the theory on diffusion of innovations (Rogers 1995). Individuals in these groups have to make the others aware of the innovation and make them value it positively, because a substantial number of individual mainly get information through personal contacts. So, dissemination should not only inform the target group but also motivate individuals to promote the innovation to others.

IV. Barriers and Enablers for Implementation

Barriers and enablers for implementation are factors, which influence the uptake of an innovation and the impact of an implementation strategy. Examples are: sufficient or non-sufficient knowledge of a innovation, negative or positive attitude regarding evidence-based healthcare, and financial incentives or barriers for adherence to recommendations given in innovations. These factors have also been described as determinants of practice (Flottorp et al. 2013: 35). Tailored implementation implies that barriers and enablers for implementation are identified in order to select strategies, which are targeted at most relevant factors. This paragraph will describe a range of potentially relevant factors and some methods to identify barriers and enablers for implementation.

Many lists of barriers and enablers for implementation in healthcare have been proposed. Some of the most rigorous and well-known are:

- Consolidated Framework for Implementation Research (CFIR)(Damschroder et al. 2009: 50) This relatively short and pragmatic list of domains is probably most widely used in the United States.
- Theoretical Domains Framework (TDF) (Michie et al. 2005: 26-33). This list of factors, which has been carefully developed from a systema-tic analysis of behaviour change theory, emphasises psychological determinants of practice.
- Tailored Implementation in Chronic Diseases (TICD) (Flottorp et al. 2013: 35). This comprehensive, pragmatic checklist was developed with a focus on healthcare for patients with chronic diseases, but its scope is much broader than this.

While these frameworks list factors or concepts, other frameworks specify phases or steps in a change process. The assumption is that there is a logical order in any change of individuals or organisations. For instance, Rogers (1995) specifies 6 phases of adoption of an innovation, which would translate into the following when applied to innovations:

1. Knowledge: the clinician learns about the innovation
2. Attitude: the clinical develops a positive attitude regarding the innovation
3. Decision making: the clinician tests and decides to implement the innovation
4. Implementation: the clinician applies the innovation in practice
5. Confirmation: the clinician seeks positive experiences with the innovation
6. Consolidation: the clinician decides to continue the implementation of the innovation.

A systematic analysis and comparison of these and other checklists and frameworks is beyond the scope of this report. Interested readers may consult the analysis of frameworks for knowledge implementation, which was made to guide the development of the TICD checklist (Flottorp et al. 2013: 35). The domains and concepts in the TICD checklist are provided in Table 1. The TICD checklist was developed with a focus on chronic diseases and is probably the most comprehensive list of barriers and enablers for implementation, which is currently available. It covers many different domains, scientific disciplines, and previously published frameworks for implementation.

Domains	Domains of determinants of implementation
1 Innovation factors	Quality of evidence supporting the recommendation, strength of recommendation, clarity, cultural appropriateness, accessibility of the recommendation, source of the recommendation, consistency with other innovations, feasibility, accessibility of the intervention, compatibility, effort, triability observability
2 Individual health professional factors	Domain knowledge, awareness and familiarity with the recommendation, knowledge about own practice, skills needed to adhere, agreement with the recommendation, attitudes towards innovations in general, expected outcome, intention and motivation, self-efficacy, learning style, emotions, nature of the behaviour, capacity to plan change, self-monitoring or feedback
3 Patient factors	Real or perceived needs and demands of the patient, patient beliefs and knowledge, patient preferences, patient motivation, patient behaviour
4 Professional interactions	Communication and influence, team processes, referral processes
5 Incentives and resources	Availability of necessary resources, financial incentives and disincentives, nonfinancial incentives and disincentives, information system, quality assurance and patient safety systems, continuing education system, assistance for clinicians
6 Capacity for organisational change	Mandate/ authority/ accountability, capable leadership, relative strength of supporters and opponents, regulations/ rules/ policies, priority of necessary change, monitoring and feedback, assistance for organisational changes
7 Social, political, and legal factors	Economic constraints on the healthcare budget, contracts, legislation, payer/funder policies, malpractice liability, influential people, corruption, political stability

Table 1: Barriers and enablers for implementation categorized into domains (Flottorp et al. 2013:35)

V. Implementation Strategies

This paragraph presents a number of frequently used strategies to enhance the uptake of innovations. This overview gives an overview of some of the most frequently used strategies, but not a comprehensive overview of the available research evidence. A frequently cited list of implementation strategies is the one provided by the EPOC group (EPOC 2015). It distinguishes between the following categories of strategies to change professional practice and organisation of care:

- *Delivery arrangements:* changes in how, when, and where healthcare is organized and delivered, and who delivers healthcare
- *Financial arrangements:* changes in how funds are collected, insurance schemes, how services are purchased, and the use of targeted financial incentives or disincentives
- *Governance arrangements:* rules or processes that affect the way in which powers are exercised, particularly with regard to authority, accountability, openness, participation and coherence
- *Implementation interventions:* interventions designed to bring about changes in healthcare organization, the behaviour of healthcare professionals or the use of services by healthcare recipients.

The EPOC list comprises of a relatively non-structured list of strategies and takes a somewhat narrow view on what are implementation strategies. This section will also consider changes delivery arrangements, financial arrangements and governance arrangements as far as they are relevant for the implementation of innovations. Patient-orientated interventions, such as patient education and shared decision making, are not discussed. The reason is that the difference between recommendations for healthcare practice (which may be part of the innovation itself) and implementation strategy is often difficult to establish. A common perspective on implementation science is that it assumes that an agent (e.g. healthcare provider) implements knowledge in behaviours, which target others (e.g. patients).

1. Continuing education of health professionals

Continuing education of physicians, nurses and other healthcare professionals remains one of the most widely used strategies to implement new knowledge, such as innovations. It is also the area of research for several decades, which has led to a number of developments. Health professionals are expected, and legally required in many countries, to participate in continuing professional education. The education may be provided as lectures or reading materials, but also in different formats, such as small-group work or online courses.The Cochrane Group for Effective Practice and Organisation of Care specifies the following types of continuing professional education (EPOC 2015):

- *Educational materials:* distribution of educational materials to support clinical care, i.e. any intervention in which knowledge is distributed
- *Educational meetings:* courses, workshops, conferences, other educational meetings
- *Educational outreach visits:* personal visits by a trained person to health workers in their own settings, to provide information with the aim of changing practice
- *Educational games:* the use of games as an educational strategy to improve standards of care
- *Inter-professional education:* continuing education for health professionals that involves more than one profession in joint, interactive learning

Many randomized trials of continuing education of health professionals have been published. The available reviews of those trials show that the average effect of continuing education varies between 2% and 10% improvement of specific aspects of professional practice (Forsetlund 2009; Grudniewicz 2016; Reeves et al. 2013). This implies that the performance of professional who received education is 2% to 10% higher than professional who did not receive education. The impact of educational materials (as a single strategy) tends to be on the lower side of the range, while small group interactive educational sessions tend to be on the lower side of the range. Educational games have not yet been well examined. Many factors may influence the impact of continuing professional education. These include:

- Needs assessment to design the educational program, that is the use of tests or surveys in the target group to identify and target areas that are addressed in the program because there is lack of knowledge and skills;
- Setting explicit learning objectives, that is clear targets of the educational program, ideally phrased in terms of behaviours;

- Active participation of the target group in the program, either through interaction with peers or teachers, or through activing information technology;
- Longer exposure of participants to the program, simply spending more time on education (also outside the teaching sessions) is associated with higher impacts;
- Involvement of opinion leaders to deliver the program, that is individuals who are perceived to be influential in relevant clinical or organisational domains;
- Combination of education with feedback to healthcare professionals, so data-based reports on performance (see next section).

2. Audit and feedback

Audit and feedback is the collection of data on performance and the reporting of these data to a targeted group, such as physician or nurses. By definition, feedback is provided after healthcare providers provided care. The collected data are often numbers, e.g. numbers of drug prescriptions, but they can also comprise of text, e.g. patient experiences with care. The report is often a written document, but it may also be presented or given in a face-to-face meeting. In many healthcare systems, many stakeholders provide regular performance feedback is to healthcare providers with the aim to influence their behaviours. This is not surprising, because it relates to a fundamental mechanism of individual and organisational learning. Audit and feedback is a component of many programs to improve healthcare practice.

Many randomized trials of audit and feedback delivered to healthcare professionals have been done. A Cochrane review of these trials showed an average effect size of about 5% improvement (compared to a control group without feedback), albeit with substantial variation across studies (Ivers et al. 2012). Although little is known factors that contribute to the impact of audit and feedback, there is evidence to suggest that the following factors are relevant (Ivers et al. 2012):

- Low baseline performance, thus large room for improvement, in the targeted area of clinical or preventive behaviours;
- Delivery in written as well as oral format, so both a written report and a discussion about this report;
- Delivery by a peer or supervisor, rather than an external agency or research institute;

- Repeated delivery, several times;
- Inclusion of targets and an action plan, which is consistent with behaviour change psychology.

Insight into other factors which influence the impact of audit and feedback is fragmentary. It seems plausible that contextual factors, such as financial incentives or organisational characteristics, can influence the influence of audit and feedback to healthcare professionals. There is international coordinated action to examine the impact of factors associated with impact of audit and feedback.

3. Computerized decision support systems

Decision support systems provide recommendations for patient care or prevention, which vary from simple reminders (e.g. check blood pressure in subgroups of patients) to algorithm-based calculators which provide patient-specific advice (e.g. medication doses dependent on body weight). The knowledge underlying these recommendations may be derived from clinical practice, so these systems may be regarded strategies to implement the innovations in clinical practice or prevention. The idea is usually that they remain integrated in the infrastructure of healthcare organisations. Since computers have entered healthcare, decision support systems tend to be computerized. They may function as stand-alone devices or be integrated in computerized patient record systems. Computerized decision support systems (CDSS) can provide recommendations before or during consultations, visits or procedures with patients.

There are a substantial number of randomized trials of CDSS, of which 50% to 70 % show positive effects on aspects of clinical practice and 15 to 30% positive effects on patient outcomes (Nieuwlaat et al. 2011: 90; Hemens et al. 2011: 89; Roshanov et al. 2011: 88-91; Sahota et al. 2011: 91). The average effects seem to differ little between areas of application: test ordering, drug management, acute conditions, or chronic diseases. One of the reasons that the impact of CDSS is not higher is 'alert fatigue' among users: the tendency to ignore or avoid alerts generated by CDSS. This is partly related to the relative low clinical relevance of the alerts in many systems, which may be improved by the inclusion of more patient-specific information in future systems. Despite these caveats, CDSS is a potentially powerful strategy for the implementation of innovations into clinical practice and prevention. Future research and development may provide clues for increasing its impact on the uptake of knowledge in healthcare practice.

4. Organisational changes in healthcare

Implementation is only relevant, if there are in fact well-functioning healthcare providers, such as hospitals and primary care practices. The design and (re-)structuring of healthcare providers, or healthcare systems in a country, largely falls outside the scope of implementation science. If healthcare providers are lacking or largely dysfunctional, such as in some developing countries, the implementation of innovations is premature. In these settings, it is more relevant to build up the healthcare system. On the other hand, in existing healthcare systems, specific organisational changes can contribute to the uptake of innovations. There is a wide range of organisational changes, which can directly or indirectly influence the uptake of innovations (Wensing et al. 2006: 2). These include, for instance:

- Revision of professional roles, such as an increased role of nurses and allied health professions in care delivery;
- Changes in the teams of healthcare professionals, such as intensified coordination or increased specialist knowledge;
- Introduction of information technology systems, such as computerized patient records or applications for telemedicine;
- Creation of integrated care systems, that is coordination of care for defined populations across healthcare providers;
- Intensified quality and safety management in healthcare organisations.

There is a large body of evaluation research on organisational changes in healthcare, but it is scattered across many sources and it tends to have low methodological quality. It is often difficult to assess the relevance of published studies on organisational changes, given the large differences in organisation and financing of healthcare in different countries or healthcare sectors. Furthermore, it is often not the primary goal of organisational changes to implement a particular innovation. Organisational changes are often initiated for other purposes, such as increasing the efficiency of healthcare delivery, reducing workload of healthcare providers, increasing patient satisfaction with care, or enhancing patient safety. If organisational changes influence the uptake of a innovation, they tend to influence the implementation of a range of clinical practice. Three examples of organisational implementation strategies are given below.

A systematic review showed that the use of computerized patient records (rather than paper-based records) was associated with higher adherence to recommendations in innovations and safer medication treatment (Campanella et al. 2015). A mix of mechanisms may explain this impact, such as better recording, reminders for specific actions, and increased continuity across healthcare providers. Interestingly, the research also suggests that computerized patient records are associated with less time required for documentation. So, the introduction of computerized patient records may be a first step towards the implementation of innovations in a specific setting.

A review of strategies to implement recommended diabetes care found that largest impacts were found for the introduction of case management, changes in patient care teams, and strategies to enhance patient self-management (Tricco et al. 2012: 2252-2261). Organisational changes are obviously important for improving diabetes care, but it should be noted that these are typically applied in combination with continuing education of health professionals. In addition, enhancing patient self-management is crucial in diabetes care as well as in many other chronic diseases. In some countries, such as The Netherlands, separate sets of recommendations for the organisation of chronic disease care have been developed, in addition to innovations.

The introduction of multidisciplinary patient care teams in hospitals was associated with shorter stay in hospital, fewer re-hospitalisations, and lowered mortality (Prades et al. 2015: 464-479). This suggests that effective interventions were implemented, although this does not directly emerge from the available studies. The underlying mechanisms of improved outcomes may be enhanced coordination of care as well as better informed decision-making. The body of research on patient care teams should be interpreted carefully, given the control groups in these evaluation studies. These tend to comprise of 'usual care', thus an unknown mix of practices. The impact may be further influenced by external factors, such as hospital leadership and available resources. Neverthless, harneshing team approaches can contribute to the implementation of innovations, which relate a range of health professions.

5. Changes in the reimbursement of healthcare providers

The implementation of innovations may be enhanced (or reduced) by changes in the financial reimbursement of healthcare providers. The healthcare sector is not a perfect market, in which supply and demand find an equilibrium automatically. Nevertheless, a large number of observational studies found correlations between numbers of procedures and type of reimbursement system. The body of research has been summarized in several reviews, and these have been summarized in a comprehensive review of reviews (Flodgren et al. 2011). In a fee-for-service system, the number of paid activities (consultations, drug prescriptions, procedures) tends to be higher than in systems without such direct link between activities and payment (e.g. payment based on capitation or salary). If a innovations recommends specific activities (e.g. preventive procedures), a separate payment may a strategy to implement this recommendation. And if a innovation recommends to stop specific activities (e.g. control visits after initial treatment), disconnecting this activity from payment may be an implementation strategy. In reality, it is often difficult to created well-targeted changes in the reimbursement systems as most procedures have high value from subgroups of patients and few procedures lack value for nearly all patients.

While changes in the reimbursement system tend to be blunt with respect to the implementation of high-quality healthcare, pay-for-performance systems go one step further. They define desired outcomes in terms of quality indicators, which may relate to recommendations in innovations. For instance, the number of patients with hypertension, who are regularly seen, directly translates into payment to the healthcare provider. Comprehensive and continuous performance measurement systems are used to monitor quality of healthcare delivery, in terms of scores on quality indicators. Higher performance is incentivised with higher payments (which obviously has resource implications for healthcare systems). The available body of research evidence shows that pay-for-performance systems has overall small intended effects on aspects of healthcare delivery in hospitals and ambulatory care settings (Houle et al. 2012: 889-899; Mehrotra et al. 2009: 19-28). Pay-for-performance systems may be associated with substantial costs. The average effect sizes seem lower than those of continuing education of health professionals, that is up to 4% change was found.

6. Multifaceted strategies

Many programs to implement innovations use multiple strategies, that is strategies which are composed of several strategies. For instance, continuing education and feedback for healthcare providers, as well as intensified quality management in healthcare organisations. The assumption may be that adding more strategies increases the effect sizes, albeit it is also associated with higher investment of resources. However, an analysis of 25 systematic reviews of multifaceted strategies showed that there is no convincing evidence that adding more strategies increased the effect sizes (Squires et al. 2014: 152). Different implementation strategies (or components of strategies) can both strengthen and weaken each other. In addition, they are influenced by the setting in which they are applied and the target groups of implementation. There is current debate on how implementation strategies should be categorized in the first place, which obviously influences the characterisation of multifaceted strategies. It remains an area of research why specific strategies were effective and others were not, but the key message is that multifaceted strategies are not necessarily more effective than single strategies.

VI. To Conclude

Implementation science is a growing field within the health sciences. It is a growing field. For instance, the journal Implementation Science receives a steadily increasing number of manuscripts (more than 800 in 2017) and its publications are increasingly cited. However, the growth is not equal across the world: in some countries, such as Germany, it is still in a nascent state. Many questions are still unanswered, thus there remains a high need for more research.

References

Campanella, P.; Lovoto, E,; Marone, C. et al. (2015): The impact of electronic health records on the healthcare quality: a systematic review and meta-analysis. In: *Eur J Publ Health* 26, pp. 60–64.

Damschroder, L.J.; Aron, D.C.; Keith, R.E. et al. (2009): Fostering implementation of health services research findings into practice: a consolidated framework for advancing implementation science. In: *Implem Sci* 4, pp. 1–15.

Eccles, M.P.; Foy, R.; Sales, A.; Wensing, M.; Mittman, B. (2012): Implementation Science six years on – our evolving scope and common reasons for rejecting without review. In: *Implem Sci* 7, pp 1–6.

Effective Practice and Organisation of Care (EPOC) (2015): EPOC Taxonomy. Available at: https://epoc.cochrane.org/epoc-taxonomy.

Flodgren, G.; Eccles, M.P.; Shepperd, S. et al. (2017): An overview of reviews evaluating the effectiveness of financial incentives in changing healthcare professional behaviours and patient outcomes. In: *Cochrane Database Syst Rev* (7): CD009255.

Flottorp, S.A.; Oxman, A.D.; Krause, J. et al. (2013): A checklist for identifying determinants of practice: a systematic review and synthesis of frameworks and taxonomies of factors that prevent or enable improvements in healthcare professional practice. In: *Implem Sci* 8, pp. 1–11.

Forsetlund, L.; Björndal, A., Rashidian, A. et al. (2009): Continuing education meetings and workshops: effects on professional practice and health care outcomes. In: *Cochrane Database of Systematic Reviews* (2):CD003030.

Grimshaw, J.M.; Eccles, M.P.; Lavis, J.N. et al. (2012): Knowledge translation of research findings. In: *Implem Sci* 7, pp. 1–17

Grudniewicz, A.; Kealy, R.; Rodseth, R.N. et al. (2016): What is the effectiveness of printed educational materials on primary care physician knowledge, behavior, and patient outcomes: a systematic review and meta-analysis. In: *Implem Sci* 10, pp. 1–12.

Hemens, B.J.; Holbrook, A.; Tonkin, M. et al. (2011): Computerized clinical support systems for drug prescribing and management: a decision maker-researcher partnership systematic review. In: *Implem Sci* 6, pp. 1–17.

Houle, S.K.D.; McAllister, F.A.; Jackevicius, C.A. et al. (2012): Does performance-based renumeration for individual health care practitioners affect patient care? A systematic review. In: *Ann Intern Med* 157, pp. 889–99.

Ivers, N.; Jamtvedt, G.; Flottorp, S.; Young, J.M. et al. (2012): Audit and feedback: effects on professional practice and healthcare outcomes (review). In: *Cochrane Library*: CD000259.

Mehrotra, A.; Damberg, C.L.; Sorbero, S.; Teleki, S.S. (2009): Pay for performance in the hospital setting. What is the state of the evidence? In: *Am J Med Qual* 24, pp. 9–28.

Michie, S.; Johnston, M.; Abraham, C. et al. (2005): Psychological Theory" Group. Making psychological theory useful for implementing evidence based practice: a consensus approach. In: *Qual Saf Health Care* 14, pp. 26–33.

Nieuwlaat, R.; Connoly, S.J.; Mackay, J.A. et al. (2011): Computerized clinical decision support systems for therapeutic drug monitoring and dosing: a decision maker-researcher partnership systematic review. In: *Implem Sci* 6, pp. 1–14.

Prades, J.; Remue, E.; Van Hoof, E.; Borras, J.M. (2015): Is it worth reorganizing cancer services on the basis of multidisciplinairy teams (MDTs)? A systematic review of the objectives and organization of MDTs and their impact on patient outcomes. In: *Health Policy* 119, pp. 464–479.

Reeves, S.; Perier, L.; Goldman, J. et al. (2013): Interprofessional education: effects on professional practice and healthcare outcomes. In: *Cochrane Database Syst Rev* (3):CD002213.

Rogers, E.M. (1995): *Diffusion of innovations*. Fourth Edition. New York: The Free Press.

Roshanov, P.S.; Misra, S.; Gerstein, H.C.; Garg, A.X. (2011): Computerized clinical decision support systems for chronic disease management: A decision maker-researcher partnership systematic review. In: *Implem Sci* 6, pp. 1–16.

Sahota, N.; Lloyd, R.; Ramakrishna, A. et al. (2011): Computerized clinical decision support systems for acute care management. A decision maker-researcher partnership systematic review of effects on process of care and health outcomes. In: *Implem Sci* 6, pp. 1–14.

Squires, J.E.; Sullivan, K.; Eccles, M.P.; Worswick, J.; Grimshaw, J.M. (2014): Are multifaceted interventions more effective than single-component interventions in changing health-care professionals' behaviours? An overview of systematic reviews. In: *Implem Sci* 9, pp. 1–22.

Tricco, A.C.; Ivers, N.M.; Grimshaw, J.M. et al. (2012): Effectiveness of quality improvement strategies on the management of diabetes: a systematic review and meta-analysis. In: *Lancet* 379, pp. 2252–2261.

Wensing, M. (2015): Implementation science in healthcare: an introduction and perspective. In: *Zeitschrift für Evidenz, Fortbildung und Qualität im Gesundheitswesen* 109, pp. 97–102.

Wensing, M.; Wollersheim, H.; Grol, R. (2006): Organisational interventions to implement improvements in patient care: a structured review of reviews. In: *Implem Sci* 1, pp. 1–9.

Translationslücken in der Pflege

Markus Wübbeler

I. Hintergrund

Der Pflegesektor gilt als eine der zentralen Herausforderungen für das Gesundheits- und Sozialsystem in Deutschland. Die derzeitige Diskussion dreht sich dabei vor allem um die Problematik, vakante Stellen zu besetzen, respektive die Herausforderung, genug junge Menschen für den Beruf zu begeistern. Für den Bereich der Krankenpflege wurden im Jahresdurchschnitt 2017 insgesamt 14.700 freie Stellen bei der Arbeitsagentur gemeldet, in der Altenpflege sogar 23.300 Stellen. Die Zahl freier Stellen steigt in der Altenpflege besonders stark und betrifft hauptsächlich examinierte Fachkräfte mit dreijähriger Ausbildung. Der Beruf des Altenpflegehelfers ist weniger betroffen, hier übersteigt die Zahl der arbeitslos gemeldeten Helfer das Stellenangebot (Arbeit 2018). Das Bundesministerium für Gesundheit hat im Jahr 2018 sogleich mit einem *Sofortprogramm Kranken- und Altenpflege* reagiert und möchte eine spürbare Verbesserung der Arbeitsbedingungen für Pflegefachkräfte erreichen. Zur Erreichung des Ziels sollen die Personalausstattung und die Vergütung der Pflegekräfte angepasst werden (Gesundheit 2018). Darüber hinaus sollen digitale Innovationen zur Entlastung beitragen. Seither kann die Anschaffung entlastender digitaler oder technischer Ausrüstung mit Mitteln von bis zu 12.000 Euro über das Bundesministerium für Gesundheit beantragt werden. Ob hiermit Druck vom pflegerischen Arbeitsmarkt genommen werden kann, bleibt offen, das Konzept scheint sich jedoch nicht wesentlich von früheren Impulsen zu unterscheiden.

Dem deutschen Gesundheits- und Sozialsystem fällt es dabei besonders schwer, den Pflegebereich entscheidend zu reformieren und damit das Berufsbild zu stärken. Sehr lange wurde in Deutschland darüber diskutiert, ob überhaupt eine formale Qualifikation für diesen Beruf notwendig ist. Erst 1907 wurde in Preußen ein Krankenpflegeexamen eingeführt, in den Jahren zuvor konnte der Beruf ohne Vorbildung ausgeübt werden (Schweikardt 2008). In dieser Zeit wurde Adelaide

Nuttig bereits als erste Pflegeprofessorin an der Johns Hopkins University (New York, USA) ernannt. Während auch Länder wie Großbritannien mit bekannten Vertreterinnen wie Florence Nightingale aufwarten konnten und starke Qualifikations- und Wissenschaftsstrukturen aufbauten, wurde die deutsche Professionalisierungsentwicklung in der Pflege spätestens infolge des Nationalsozialismus stark verzögert – ein Reformstau trat ein, der bis heute seine Auswirkungen zeigt. Der deutsche Pflegeweg setzt weiter auf einen unübersichtlichen, teils kaum regulierten Ausbildungsmarkt. Berufsausbildungen an Fachseminaren und Pflegeschulen in privater Trägerschaft sind die Regel, das dortige Lehrpersonal ist nur zu einem geringen Teil akademisch qualifiziert – ein Studium zur Ausübung des Lehrerberufes ist hier jedoch erst seit einigen Jahren Standard. Konkrete Mindestanforderungen zur akademischen Qualifikation des Lehrpersonals wurden erst mit dem Gesetz zur Reform der Pflegeberufe vom Juli 2017 verabschiedet (Bundesgesetzblatt 2017). Eine Hochschulausbildung für klinisch Pflegende, wie sie in Großbritannien, Österreich oder Spanien bereits implementiert ist, wird auch für Deutschland empfohlen. Aktuell fordert der Wissenschaftsrat eine Quote von 20 % für klinisch tätige Pflegefachkräfte. Pflegeinstitutionen sind davon jedoch weit entfernt (Wissenschaftsrat 2012).

Die Rückständigkeit der Pflege in Deutschland erschwert auch die Integration von im Ausland angeworbenen Fachkräften, welche ein autonomeres Aufgabenfeld abseits der ärztlichen Zuständigkeit gewohnt sind (Kellner 2013). In der klinischen Praxis treffen die Pflegefachkräfte auf immer komplexer werdende Aufgabenfelder, exemplarisch seien alleine die etwa 30.000 Beatmungspatienten in der ambulanten Pflege genannt (Gürkov 2018). Diese müssen intensivmedizinisch versorgt werden, verlässliche Daten über dieses Versorungssetting und qualifikationsbezogene Zugangsbeschränkungen fehlen jedoch weitgehend. Auch im Krankenhaus steigt der Druck auf die Pflege. Ältere Patienten mit demenziellen Erkrankungen überfordern das Personal, der Einsatz von Fixierungen und Sedativa ist eine Folge. Trotz der zur Verfügung stehenden evidenzbasierten Pflegekonzepte, u. a. zur Reduktion freiheitsentziehender Maßnahmen, passiert in der Praxis zu wenig, um die Versorgungsqualität zu verbessern. Häufig fehlt dem Pflegepersonal schlicht das Wissen um derartige Konzepte. Wege zur Implementation solcher Maßnahmen sind oft nicht bekannt (Isfort 2014).

Ebenfalls schwierig ist die Situation in der „normalen" ambulanten Pflege. Hier ergeben sich Probleme vor allem auch aus der Frage des nicht genutzten Pflegepräventionspotentials. So ist der menschliche Organismus mit steigendem

Alter einem umfangreichen Abbauprozess ausgesetzt; dieser zeigt sich u. a. im zunehmenden Verlust von Muskelkraft, Knochenmasse, Gelenkbeweglichkeit und Kognition (Anders 2009). Phänomene wie die Multimorbidität, ein gleichzeitiges Auftreten von zwei oder mehr Erkrankungen bei einer Person, sind im höheren Lebensalter häufiger und bilden die entscheidende Basis für einen einsetzenden Funktionsverlust (Barnett et al. 2012). Treten umfangreiche Funktionseinbußen auf, ist letztlich die Selbstständigkeit, also der Verbleib in der eigenen Häuslichkeit, gefährdet. Schlüsselereignisse, wie beispielsweise ein Sturz mit begleitender Fraktur, initialisieren schließlich eine stationäre Krankenhausbehandlung, die mit zusätzlichen Risiken verbunden ist. Im Rahmen eines stationären Krankenhausaufenthalts leiden ältere Patienten besonders häufig unter Orientierungsstörungen, einem kognitiven Abbau, Wundheilungsstörungen, Demobilisierungssyndromen, Pneumonien und weiteren Sturzereignissen. Femurfrakturen sind mit aktuell 188.490 Fällen pro Jahr vergleichbar so häufig wie ein akuter Myokardinfarkt, die Anstrengungen zur Prävention solcher Ereignisse bleiben jedoch weit hinter ihrer gesellschaftlichen Bedeutung zurück (Statistisches Bundesamt 2017a). Unter Betrachtung des pflegerischen Maßnahmenkatalogs, der die vergüteten Leistungen der ambulanten Versorgung definiert, finden sich auch Maßnahmen zur Mobilitätsförderung. In Baden-Württemberg wird die Mobilitätsförderung eines Patienten mit 5,72 Euro pro Maßnahme vergütet, im Land Brandenburg erhält der Pflegedienst 3,28 Euro und in Rheinland-Pfalz 9,99 Euro (Bundesgesundheitsministerium 2015). Mit diesen Beträgen ist eine wirksame Mobilitätsförderung nicht möglich, und das trotz der exzellenten Evidenzlage hinsichtlich des Zusammenhangs von Mobilität und Pflegebedürftigkeit (Gill et al. 2002).

II. Klinische Forschung in der Pflege

Ein Grund für die verschleppte Adressierung dieser Probleme dürfte indes auch mit der historisch bedingten Verzögerung der Pflegewissenschaft zusammenhängen. Mit Blick auf den Bereich der klinischen Forschung in der Pflege wird dies besonders deutlich. Unter klinischen Studien werden „alle qualitätsgesicherten wissenschaftlichen Untersuchungen am Menschen, die dem Ziel dienen, die Prävention, Diagnose und Therapie von Krankheiten zu verbessern" verstanden (Wissenschaftsrat 2018). Klinische Studien sind eine entscheidende Voraussetzung, um Interventionen, Technologien, Prozeduren und Hilfsmittel in die Regelversorgung zu führen. Die Ergebnisse klinischer Studien werden in Bewertungsverfahren der gesetzlichen Leistungserbringer berücksichtigt und sind die wichtigste Grundlage zur Implementation neuer Maßnahmen in den Leistungskatalog der Kostenträger. Insbesondere neue Regelleistungen müssen klinischen Prüfungen standhalten, um die Selbstverwaltungsinstitutionen, wie den Gemeinsamen Bundesausschuss, zu passieren. Die Bedeutung von klinischen Studien wird mit der Verwissenschaftlichung der Gesundheitsversorgung weiter zunehmen, auch wenn das Gesundheitsministerium jüngst mehr politischen Einfluss im Gesundheitswesen zur Diskussion stellte (Aerzteblatt 2018). Politisch unterstrichen wurde die Stärkung der evidenzbasierten Gesundheitsversorgung spätestens durch die Gründung des Instituts für Qualität und Wirtschaftlichkeit (IQWiG) im Jahr 2004. Ohne eine systematische Bewertung durch das IQWiG lassen sich seither keine neuen Technologien, Prozeduren und Verfahren in die Regelfinanzierung übertragen.

Hierunter fallen nicht nur neue Arzneistoffe, sondern ebenso diagnostische Verfahren, nicht-medikamentöse Heil- und Hilfsmittel, Medizinprodukte und technische Systeme. Legt man die Zahl der registrierten klinischen Studien zugrunde, zeigt sich, dass in Deutschland vergleichsweise viele klinische Studien durchgeführt werden. Nach den USA rangiert Deutschland auf Platz zwei der Länder mit den meisten klinischen Studien, diese konzentrieren sich jedoch vor allem auf die Arzneimittelentwicklung. Im Jahr 2014 wurden allein von den forschenden Pharmaunternehmen 693 klinische Studien durchgeführt (VfA 2015).

Dem stehen nur wenige klinische Studien in den Gesundheitsfachberufen, wie z.B. der Pflege, gegenüber. In der Pflege werden klinische Studien besonders selten zur systematischen Überprüfung von Interventionen genutzt, im Deutschen Register Klinischer Studien (www.dkrs.de) sind zum Zeitpunkt der Manuskripterstellung etwa 80 Studien aufgeführt; nicht viel angesichts der aktuellen und zukünftigen Relevanz dieser Berufsgruppe und einem Registrierungszeitraum von ca. 10 Jahren. Einige Eckdaten illustrieren jedoch das Potential für die stärkere Nutzung evidenzbasierter klinischer Interventionen in der Pflege: Im Jahr 2017 waren insgesamt 3,4 Millionen Menschen in Deutschland pflegebedürftig, in der eigenen häuslichen Umgebung allein 2,59 Millionen Menschen, von denen rund 830.000 mit Unterstützung eines Pflegedienstes versorgt werden – ein enormes Potential, um Patienten zu erreichen (Bundesamt 2018). Gezielte Pflegepräventionsmaßnahmen wären hier von besonderer Bedeutung und über die eingesetzten Pflegefachkräfte implementierbar; reizvoll wäre dies auch für die Kostenträger, da

Einsparungen u.a. in der stationären Langzeitpflege erreichbar wären. Ein stationärer Pflegeheimplatz kostet in Nordrhein-Westfalen etwa 4.000 Euro monatlich, Beträge, für die häufig auch die Kommune aufkommen muss (BIVA 2017). Dass die klinische Forschung in der Pflege gestärkt werden muss, wurde auch vom Wissenschaftsrat attestiert (Wissenschaftsrat 2018). Bereits in einer früheren Stellungnahme betonte der Wissenschaftsrat die Wichtigkeit der Etablierung und Schärfung genuiner pflege-, therapie- und hebammenwissenschaftlicher Forschungsprofile (Wissenschaftsrat 2012).

III. Komplexe Interventionen

Zum Verständnis der Translationslücken lohnt sich ein näherer Blick auf die derzeitigen klinischen Studien im Bereich der Pflege. Die ersten drei Ergebnisse, unter Nutzung der Suchfilter „Pflege" und „Intervention" (Quelle: www.drks.de), zeigen folgende Titel registrierter Studien:

- Effekte eines pflegerischen Anleitungs- und Beratungsprogramms zur Prophylaxe von oraler Mukositis bei der Therapie mit 5-Fluoruracil-haltigen Chemotherapeutika bei Patienten mit soliden Tumoren. DRKS-ID: DRKS00000248
- Die Wirksamkeit alltagspraktischer Aktivierung durch pflegende Angehörige und kognitiver Aktivierung durch externe Personen bei demenzerkrankten Personen im häuslichen Setting. Eine multizentrisch, randomisert kontrollierte Studie zur Evaluation eines multimodalen, manualisierten und individualisierten Aktivierungsplans. DRKS-ID: DRKS00000395
- Implementierung des Resident Assessment Instruments (RAI) als Qualitätsentwicklungs- und Steuerungsinstrument in der stationären Langzeitpflege. DRKS-ID: DRKS00000418

Obwohl diese drei klinischen Studien in unterschiedlichen pflegerischen Settings realisiert werden – Onkologie, ambulante Versorgung, stationäre Langzeitpflege –, handelt es sich bei den Interventionen um sogenannte *Komplexinterventionen*. Mit dem Begriff Komplexintervention werden Maßnahmen beschrieben, die aus mehreren Einzelkomponenten bestehen, welche wiederum miteinander interagieren (Craig et al. 2008). Auf Basis des international wichtigsten Rahmenwerks zur Entwicklung und Evaluation komplexer Interventionen, herausgegeben vom Medical Research Council, charakterisieren sich Komplexinterventionen durch

a) die Anzahl der Komponenten sowie der Interaktionen zwischen Komponenten einer Intervention,
b) die Anzahl und Komplexität der Umsetzungs- und Entscheidungsschritte zur Durchführung der Intervention bei dem Interventionssender wie auch Empfänger der Intervention,
c) der Anzahl beteiligter Personen und involvierten Organisationsebenen,
d) die Anzahl und Variabilität der Ergebniskriterien sowie
e) dem Ausmaß der Anpassungsfähigkeit der Intervention (Craig et al. 2008).

Eine zentrale Herausforderung ist dabei ein häufig unklares Verhältnis der Komponenten untereinander und die Herausforderung, eine Standardisierung und Wiederholbarkeit im klinischen Setting zu realisieren. Ob eine Komplexintervention vorliegt, ist jedoch keine dichotome Entscheidung. Vielmehr ist von einem Spektrum auszugehen: An dem weniger komplexen Ende ist die Applikation eines Medikaments zu sehen, mit einem klaren Einnahmezeitpunkt und einer definierten Wirkstoffapplikation, an dem anderen Ende eine Intervention mit mehreren beteiligten Berufsgruppen, Beratungs- und Schulungskomponenten sowie in vielen Fällen einer angestrebten Verhaltensänderung des Patienten.

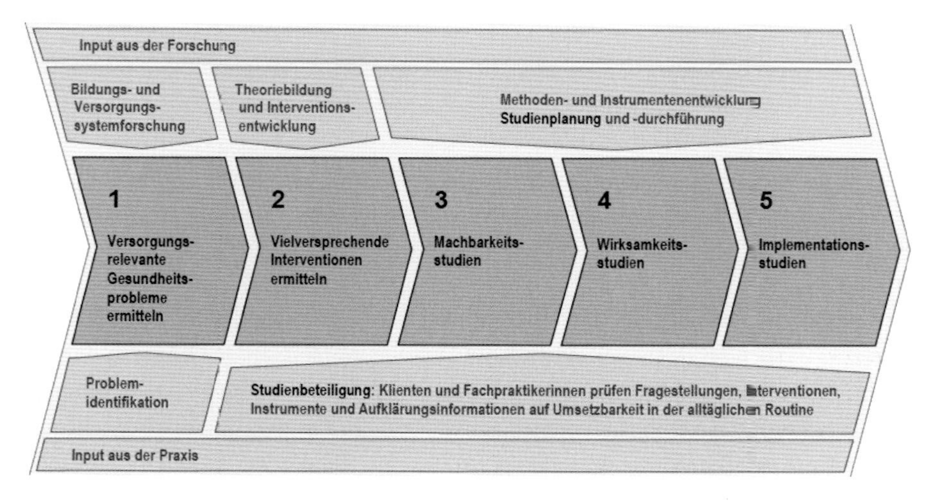

Abbildung 1: Innovationsentwicklung in den Gesundheitsfachberufen
(Voigt-Radloff, S. et al. 2013). Forschung zu komplexen Interventionen in der Pflege- und Hebammenwissenschaft und in den Wissenschaften der Physiotherapie, Ergotherapie und Logopädie)

Dass Interventionen mit Schulungs- und Beratungsanteilen schwerer zu evaluieren und implementieren sind, ist seit vielen Jahren bekannt. Forschungsprojekte müssen über einen längeren Zeitraum angelegt, die patientenrelevanten Endpunkte definiert und neue methodische Ansätze, wie Mixed-Methods-Ansätze, in Erwägung gezogen werden. Dass auch Komplexinterventionen mit randomisiert-kontrollierten Studien (RCT) evaluiert werden können, ist Konsens, vielversprechende Projektansätze erzeugen jedoch nicht immer die erwarteten Ergebnisse (Craig et al. 2008). Köpke et al. (2012) untersuchten Maßnahmen zur Reduktion freiheitsentziehender Maßnahmen in der stationären Langzeitpflege. Als Intervention wurden u.a. Schulungen in Pflegeeinrichtungen durchgeführt, diese richteten sich nicht nur an das Personal, sondern auch an das soziale Umfeld der Pflegeheimbewohner. Insgesamt konnte eine Reduktion der freiheitsentziehenden Maßnahmen zwar erreicht werden, eine von den Forschern erwartete Auswirkung auf die Sturzprävalenz war jedoch in dieser RCT nicht feststellbar (Köpke et al. 2012).

Um Komplexinterventionen, wie sie besonders häufig in den Gesundheitsfachberufen zu finden sind, zukünftig besser evaluieren zu können, wurde unter dem Motto „Acting on Knowledge" und unter Leitung des Deutschen Cochrane Zentrums ein Forschungsleitfaden für komplexe Interventionen entwickelt (Voigt-Radloff et al. 2013). Das darin beschriebene Prozessmodell (siehe Abbildung 1) enthält wichtige, häufig unterbewertete, Schritte, die im Bewertungsprozess von Komplexinterventionen wichtig sind. Entscheidend ist u. a. die Durchführung von vorgelagerten Machbarkeitsstudien, womit die Interventionskomponenten in der Praxis umfangreich getestet werden können. In dieser Phase wird eine Intervention nicht nur mit dem Studienpersonal erprobt, sondern mit Personen, die diese Interventionen später in der klinischen Routineversorgung durchführen sollen. Die Einforderung einer expliziten Rückmeldung zur Intervention und Mitarbeit durch nichtwissenschaftlich qualifizierte Personen ist also eine notwendige Bedingung. In diesem Schritt stehen Komponenten einer multimodalen Intervention zur Diskussion; nicht immer ein Weg, den zu beschreiten den Wissenschaften leichtfällt, jedoch die Machbarkeit und Akzeptanz im Interventionsumfeld entscheidend steigern kann.

Im Kontext des Leitfadens wurde zudem das recht junge Feld der Implementationsforschung aufgegriffen. Der letzte Schritt im Forschungsprozess zielt, grob gesprochen, auf eine Veränderung der Praxis ab. Dieser Schritt kann erst nach einer erfolgreichen klinischen Prüfung erfolgen und wurde in der akademischen

Forschung eher stiefmütterlich behandelt. Dies wird vor allem für Komplexinterventionen wiederholt zum Problem, da hier Umsetzungsschritte und Qualifikation der Beteiligten besonders wichtig sind und eng definiert sein müssen – Aspekte, auf die in einer wissenschaftlichen Zeitschriftenveröffentlichung, wie in der gesundheitsbezogenen Forschung üblich, kaum eingegangen werden können. Abhilfe können hier nur explizite Implementationsunterlagen, wie Manuale und Qualifikationsmodule, schaffen. Bis heute wird diesen Punkten jedoch noch zu wenig Aufmerksamkeit geschenkt.

IV. Gesundheits-/Krankheits-Modelle

Die Translationslücken in der Pflege sind auch auf ein normativ gestütztes Verständnis von Gesundheit und Krankheit zurückzuführen, welches sich in den gewachsenen Einzelteilen des Gesundheitssystems (Gesetzbücher, Verordnungen, Versorgungsstrukturen) widerspiegelt. Moderne Gesundheitsmodelle sind hier deutlich weiterentwickelt und verstehen Gesundheit nicht als bloße Wiederherstellung einer Körperfunktion.

In den Entscheidungsstrukturen der World Health Organization (WHO) wurde bereits früh nach neuen Erklärungsmodellen im Kontext von Gesundheit und Krankheit gesucht. Im Jahr 1980 veröffentlichte die WHO ihre *International Classification of Impairments, Disabilities and Handicaps* und damit erstmals eine weltweit nutzbare Klassifikation zur Darstellung von Krankheitsfolgen. Darauf aufbauend folgte, begleitet von einem aufwendigen internationalen Konsensprozess, im Jahr 2001 die *International Classification of Functioning, Disability and Health* (ICF) (DIMDI 2005). Das damit geschaffene Modell ergänzte die ICD-10 Klassifikation, die weltweit genutzte einheitliche Diagnoseklassifikation, um Komponenten der Gesundheit. Die ICF versteht Gesundheit dabei als ein komplexes Zusammenspiel sich gegenseitig bedingender Komponenten, unabhängig von dem jeweiligen Gesundheitszustand (siehe Abbildung 2). Im Einzelnen sind dies (DIMDI 2005):

- Körperfunktionen: physiologische Funktionen von Körpersystemen (einschließlich psychologische Funktionen)
- Körperstrukturen: anatomische Teile des Körpers, wie Organe, Gliedmaßen und ihre Bestandteile

- Aktivität: Durchführung einer Aufgabe oder Handlung (Aktion) durch einen Menschen
- Partizipation [Teilhabe] ist das Einbezogensein in eine Lebenssituation
- Umweltfaktoren: materielle, soziale und einstellungsbezogene Umwelt, in der Menschen leben und ihr Dasein entfalten
- Personenbezogene Faktoren: allgemeine Verhaltensmuster und Charakter, individuelles psychisches Leistungsvermögen

Pflegeinterventionen versuchen zwischen diesen Komponenten zu vermitteln; der reinen, z. B. mithilfe einer chirurgische Maßnahme erlangten, Wiederherstellung einer Körperfunktion und der Berücksichtigung von individuellen Aktivitäten und Bedürfnissen der Person. Viele Mittel im Gesundheitswesen werden aufgewendet, um gestörte Körperfunktionen und -strukturen zu behandeln, die Berücksichtigung des Individuums als Teil eines komplexen Zusammenspiels findet dabei wenig Beachtung.

Statt gestörte Körperfunktionen in linearen Versorgungsprozessen zu behandeln, sind mehr Maßnahmen notwendig, die an der Lebenswelt krankheitsgefährdeter Personen orientiert sind. Dass hier bislang wenig geschieht, illustrieren die eingesetzten Mittel zur Prävention von Erkrankungen. Von den im Jahr 2016 in Deutschland aufgewendeten gesundheitsbezogenen Ausgaben in Höhe von 356,5 Milliarden Euro wurden lediglich 11,6 Milliarden für Prävention und Gesund-

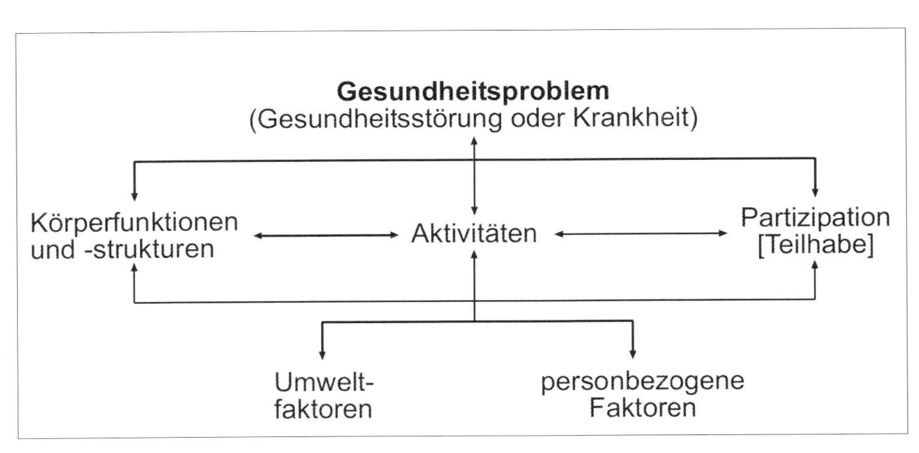

Abbildung 2: Wechselwirkungen zwischen den Komponenten der ICF
(DIMDI 2005). Internationale Klassifikation der Funktionsfähigkeit, Behinderung und Gesundheit)

heitsschutz ausgegeben (DESTATIS 2018). Gerade für ältere Patienten ist eine Intensivierung präventiv-rehabilitativer Leistungen im Gesundheitswesen entscheidend für einen selbstbestimmten Verbleib in der eigenen Häuslichkeit. Kommt es zu einer stationären Krankenhausbehandlung, müssen präventiv-rehabilitative Leistungen frühzeitig einsetzen, um einen Funktionsverlust beim Patienten zu verhindern. Auch vermeintlich harmlose Operationen, mit einigen Tagen Bettruhe, können eine dauerhafte Pflegebedürftigkeit initiieren (Inouye, Westendorp, & Saczynski, 2014). Eine Adressierung dieser Bedarfe durch Pflegefachkräfte, sei es im Krankenhaus oder auch in der ambulanten Pflege, ist jedoch weiterhin nicht absehbar. Mittel in Krankenhäusern fließen vor allem in Prozeduren und Apparatemedizin, die Vergütungskataloge in der Pflege sind verrichtungsbezogen und liegen deutlich hinter dem technischen und wissenschaftlichen Stand der Forschung zurück.

V. Fazit

Die Translationslücken in der Pflege ergeben sich in Deutschland auch aus einer historischen Professionalisierungsverzögerung, deren Nachwirkungen weiter spürbar sind. Erst 1907 wurde eine formale Berufszulassung vorgeschrieben, bis heute ist die Ausbildung in einer unübersichtlichen Qualifikationslandschaft angesiedelt – Pflegefachkräfte mit Hochschulabschluss sind die absolute Ausnahme. Erste positive Entwicklungen in der klinischen Pflegeforschung sind feststellbar, jedoch bestehen methodische Herausforderungen bei der Bewertung von Komplexinterventionen, wie sie für die Pflege charakteristisch sind. Der Entwicklungs- und Bewertungsprozess von Komplexinterventionen ist nicht nur ressourcenintensiv, Interventionen müssen darüber hinaus in der Praxis implementierbar bleiben. Dies setzt einen partizipativen Forschungsprozess voraus, der auch nichtwissenschaftlich qualifizierte Pflegefachkräfte einschließt.

Für die Zukunftsfähigkeit des Gesundheitswesens ist eine handlungsfähige Pflege entscheidend, hierzu müssen Pflegeakteure und Pflegeforschung stärker an der Gestaltung des Gesundheitswesens und der klinischen Forschung mitwirken. Die Implementation von gezielten Präventionsmaßnahmen und eine Stärkung der Rolle als Heilberuf bieten wichtige Ansatzpunkte, um nicht nur eine Aufwertung des Berufsbilds zu erreichen, sondern vor allem zur Kostendämpfung im Gesundheitswesen beizutragen.

Literatur

Aerzteblatt. (2018). Spahn droht Selbstverwaltung mit mehr politischen Vorgaben [Press release]

Anders, J. (2009). *Mobilität im Alter und Immobilitätssyndrom*. Heidelberg: Renteln-Kruse, W. v.

Arbeit, Bundesagentur für (2018). *Blickpunkt Arbeitsmarkt – Arbeitsmarktsituation im Pflegebereich*. Unter: https://statistik.arbeitsagentur.de/Statischer-Content/Arbeitsmarktberichte/Berufe/generische-Publikationen/Altenpflege.pdf (zuletzt abgerufen am 16.5.2019)

Barnett, K., Mercer, S. W., Norbury, M., Watt, G., Wyke, S., & Guthrie, B. (2012). Epidemiology of multimorbidity and implications for health care, research, and medical education: a cross-sectional study. *Lancet, 380* (9836), 37-43. doi:10.1016/s0140-6736(12)60240-2

BIVA. Bundesinterssenvertretung für alte und pflegebetroffene Menschen e.V. (2017). *Kosten in Pflegeheimen, Pflegewohngeld und Sozialhilfe*. Unter: https://www.biva.de/dokumente/broschueren/Heimentgelt-in-NRW.pdf (zuletzt abgerufen am 16.5.2019)

Bundesamt, Statistisches. (2018). *Pflegestatistik 2017 – Pflege im Rahmen der Pflegeversicherung*. Unter: https://www.destatis.de/DE/Themen/Gesellschaft-Umwelt/Gesundheit/Pflege/Publikationen/Downloads-Pflege/pflege-deutschlandergebnisse-5224001179004.pdf?__blob=publicationFile&v=5 (zuletzt abgerufen am 16.5.2019)

Bundesgesetzblatt. (2017). *Gesetz zur Reform der Pflegeberufe (Pflegeberufereform gesetz – PflBRefG). Unter:* https://www.bgbl.de/xaver/bgbl/start.xav?start=%2F%2F*%5B%40attr_id%3D%27bgbl117s2581.pdf%27%5D#__bgbl__%2F%2F*%5B%40attr_id%3D%27bgbl117s2581.pdf%27%5D__1553670440003 (zuletzt abgerufen am 16.5.2019)

Bundesgesundheitsministerium. (2015). Übersicht über vereinbarte ambulante Leistungskomplexe in den Ländern (Stand: 31.12.2015). Unter: https://www.bundesgesundheitsministerium.de/fileadmin/Dateien/3_Downloads/P/Pflegebericht/AmbulanteLeistungskomplexe2015.pdf (zuletzt abgerufen am 16.5.2019)

Craig, P., Dieppe, P., Macintyre, S., Michie, S., Nazareth, I., & Petticrew, M. (2008). Developing and evaluating complex interventions: the new Medical Research Council guidance. *Bmj, 337*, a1655. doi:10.1136/bmj.a1655

DESTATIS. (2018). *Statistisches Jahrbuch 2018 – Gesundheit*. Unter: https://www.destatis.de/DE/Themen/Querschnitt/Jahrbuch/jb-gesundheit.pdf?__blob=publicationFile&v=6: (zuletzt abgerufen am 16.5.2019)

DIMDI. Deutsches Institut für Medizinische Dokumentation und Information (2005). *Internationale Klassifikation der Funktionsfähigkeit, Behinderung und Gesundheit.* Unter: https://www.dimdi.de/dynamic/de/klassifikationen/icf/ (zuletzt abgerufen am 16.5.2019)

Gesundheit, Bundesministerium für (2018). *Eckpunktepapier. Sofortprogramm Kranken- und Altenpflege.* Unter: https://www.bundesgesundheitsministerium.de/fileadmin/Dateien/3_Downloads/P/Pflege/Sofortprogramm_Pflege__Eckpunkte.pdf (zuletzt abgerufen am 16.5.2019)

Gill, T. M./Baker, D. I./Gottschalk, M./Peduzzi, P. N./Allore, H./Byers, A. (2002). A Program to Prevent Functional Decline in Physically Frail, Elderly Persons Who Live at Home. *New England Journal of Medicine, 347* (14), 1068-1074. doi:10.1056/NEJMoa020423

Gürkov, C. W./L. Hagmann, U. (2018). Das Geschäft mit der ambulanten Intensivpflege. Unter: https://www.br.de/nachricht/das-geschaeft-mit-der-ambulanten-intensivpflege-100.html (zuletzt abgerufen am 16.5.2019)

Inouye, S. K./Westendorp, R. G. J./Saczynski, J. S. (2014). Delirium in elderly people. *The Lancet, 383* (9920), 911-922. doi:10.1016/S0140-6736(13)60688-1

Isfort, M./Klostermann, J./ Gehlen, D./Siegeling, B. (2014). *Pflege-Thermometer.* Retrieved from https://www.dip.de/fileadmin/data/pdf/projekte/Pflege-Thermometer_2014.pdf

Kellner, H.-G. (2013). *„Krankenpfleger sind in Deutschland Hilfskräfte".* Unter: https://www.deutschlandfunk.de/erfahrungen-einer-spanierin-krankenpfleger-sind-in.795.de.html?dram:article_id=264297: Deutschlandfunk vom 7.10.2013 (zuletzt abgerufen am 16.5.2019)

Köpke, S./Mühlhauser, I./Gerlach, A./Haut, A./Haastert, B./Möhler, R./Meyer, G. (2012). Effect of a Guideline-Based Multicomponent Intervention on Use of Physical Restraints in Nursing Homes: A Randomized Controlled Trial. *JAMA, 307* (20), 2177-2184. doi:10.1001/jama.2012.4517

Schweikardt, C. (2008). *Die Entwicklung der Krankenpflege zur staatlich anerkannten Tätigkeit im 19. und frühen 20. Jahrhundert*: Martin Meidenbauer München.

VfA. Die forschenden Pharmaunternehmen (2015). *Statistics 2015 – Die Arzneimittelindustrie in Deutschland.* Unter: https://www.vfa.de/de/presse/publikationen (zuletzt abgerufen am 16.5.2019)

Voigt-Radloff, S./Stemmer, R./Behrens, J./Korporal, J. et al. (2013). *Forschung zu komplexen Interventionen in der Pflege- und Hebammenwissenschaft und in den Wissenschaften der Physiotherapie, Ergotherapie und Logopädie.* Unter: https://freidok.uni-freiburg.de/data/10702 (zuletzt abgerufen am 16.5.2019)

Wissenschaftsrat. (2012). *Empfehlungen zu hochschulischen Qualifikationen für das Gesundheitswesen.* Unter: https://www.wissenschaftsrat.de/download/archiv/2411-12.pdf (zuletzt abgerufen am 16.5.2019)

Wissenschaftsrat. (2018). *Empfehlungen zu Klinischen Studien.* Unter: https://www.wissenschaftsrat.de/download/archiv/7301-18.pdf (zuletzt abgerufen am 16.5.2019)

Session III

Translation in den Lebenswissenschaften – Exchange between Bench and Bedside

Einleitung

Über Neurowissenschaften und ihre Übersetzung

In den die Biologie betreffenden Wissenschaften nimmt die Neurowissenschaft einen besonderen Stellenwert ein. György Buzsáki eröffnete sein vielbeachtetes Werk „Rhythms of the Brain" mit folgendem Zitat von Ken Hill:

> „If the brain were simple enough for us to understand it, we would be too simple to understand it".

Diese wenigen Worte zeigen das größte Problem der Neurowissenschaften auf: die schiere Komplexität des Gehirns. Neben der reinen Anzahl von Myriaden an Neuronen ergibt sich die Komplexität aus deren multipler Konnektivität und unserer Schwierigkeit, in das Gehirn zu sehen. Die Aktivitäten der Neurone und deren Netzwerke machen uns zum Menschen, aber sie verwehren uns auch ein tieferes Verständnisses unseres Selbst.

Die Forschung scheint sich auf verschiedenen Ebenen zu bewegen: der Ebene der Rezeptoren und Kanäle, der Ebene der Synapsen mit ihren aktiven Zonen, der Ebene der Somata der Zellen und auf derjenigen der Zellverbände, welche zur Kommunikation fähig sind.

Zum Kommunizieren nutzen Neurone Synapsen – chemische und elektrische. Diese bringen sich in Phase über Erregungen und Hemmungen und ermöglichen durch rhythmische Oszillationen bestimmter Amplituden und Frequenzen die Kodierung und den Transport von Informationen. Doch wie und wo wird Information gespeichert? Wie wird sie wieder abgerufen und moduliert? Wodurch werden wir unserer Selbst und Anderer bewusst? Wir verstehen nur Fragmente.

Allein das generalisierte Verständnis von den Kanälen zum Bewusstsein macht eine Translation, ein Übersetzen, notwendig. Das heißt, ein Übersetzen der Subdisziplinen innerhalb der grundlegenden Neurowissenschaften, denn die Wissenschaffenden sind hochspezialisiert. Die Spezifikation ist notwendig, um den Wissensfortschritt voranzutreiben, aber sie birgt die Gefahr, den Überblick zu verlieren in einer Welt, in welcher der Wissenszuwachs rasant ansteigt und von einzelnen Fachspezialisten allein nicht zu bewältigen ist.

Denken wir nun an die Translation in Richtung Krankheitslehre, wird all die unverstandene Komplexität des gesunden Gehirns noch potenziert. Oder helfen uns die Krankheiten dabei, das Gehirn besser zu verstehen? Teilweise schon, wovon im nachfolgenden Text die Rede sein wird. Das Verständnis von physiologischen Mechanismen kann durch das Studium von pathologisch veränderten Mechanismen entstehen. Das Verständnis von pathologischen Mechanismen kann durch das Studium von physiologischen Mechanismen entstehen. Beides ist notwendig und doch immer auch ein Herausforderung im Transfer.

Die Gesellschaften befassen sich mit dem Wie. Wie können wir den Fortschritt im Verständnis des Gehirns, den therapeutischen Fortschritt bei Pathologien und unseren technologischen Fortschritt bezüglich künstlicher Intelligenz beschleunigen? Sind Großprojekte vieler Wissenschaftler, wie das europäische „Human Brain Projekt" oder die amerikanische „BRAIN Initiative", zielführend, um das Gehirn und seine Krankheiten in wenigen Jahren aufzuklären und seine Funktionen zu simulieren? Simulieren aus womöglich zu wenigen diversen Informationen, welche der Komplexität unseres Gehirns, unseres individuellen Menschseins nicht gerecht wird? Oder sind es doch eher die kleineren Projekte kleinerer Forscherteams, die kleinere, aber spezifischere Fragen beantworten können? Sind sie näher an der Realität? Die Zeit wird es zeigen.

Betrachten wir nun das Verlorensein in der Translationsforschung, sollten wir auch hier einen Blick auf das System richten. Warum sind wir verloren? Weil wir zu spezialisiert sind? Zu spezialisiert und nur auf das Labor ausgerichtet? Oder zu spezialisiert und nur auf die Klink ausgerichtet? Unser akademisches System in Deutschland lässt wenige Brücken zu, um das Labor und die Klinik im größeren Maße erfolgreich zu verbinden. Wer beides zu überbrücken versucht, wird oft scheitern – an der Zeit. Wenige nur bewältigen es, fundamentales Wissen zu schaffen und gleichzeitig dabei exzellente Kliniker zu sein. Ihnen gebührt höchster Respekt. Ein Weg wäre, den Ambitionierten und exzellent Ausgebildeten mehr Zeit zu gewähren, um ihre wichtige klinische Erfahrung in translationale Forschung einfließen zu lassen. Ein zweiter Weg wäre, engere Teams von Klinikern und Grundlagenwissenschaftlern zu bilden, um den Austausch zu fördern und die Kompetenzen zu bündeln. Beides benötigt mehr bereitgestellte Zeit und Gelder. Es ist eine Frage der Entscheidung – von Entscheidungsträgern.

Weiterhin wäre es möglich, geeigneten Nachwuchs für die Translation auszubilden. In Deutschland existieren zur Zeit circa fünf Studiengänge für *Translational Neuroscience* – 5 von 24 Neuroscience-Studiengängen. Hier werden Schwerpunkte klar. Werden diese translationalen Absolventen in Zukunft die Lücke schließen können? Wird es ihnen gelingen, klinische und grundlagenwissenschaftliche Aspekte besser zusammenzuführen? Werden Sie eine kritische Masse sein, das Fach als solches zu etablieren und eine Brücke zu bauen? Wird man sie diesen Weg gehen lassen?

Jakob von Engelhardt, Professor für Pathophysiologie, legt im folgenden Text anhand von drei Beispielen die beeindruckenden Möglichkeiten, aber auch Schwierigkeiten momentaner Translationsforschung in den grundlegenden Neurowissenschaften dar. Dabei stellt er Projekte seiner Arbeitsgrupe vor, die sich mit der Rolle von veränderten Glutamatrezeptoren in neurologischen Erkrankungen beschäftigen, und stellt sich weiterhin der Frage, was wir durch die Erforschung von sehr seltenen Erkrankungen lernen können.

In dem darauffolgenden Abschnitt erfahren wir von Peter Wieloch und KollegInnen, welche Rolle die Labormedizin als industrieller Partner in der heutigen Translationsforschung einnehmen kann. Aufgrund immer spezifischer werdender Therapien bedarf es starker Partner, um hochspezifische Diagnostiken durchführen und diese in personalisierte Therapien umsetzen zu können. Weiterhin legen sie dar, inwiefern die Erfahrungen der Labormedizin und deren Möglichkeiten zu anonymisierten Big-Data-Analysen Wissenschaftlern und Unternehmen bei dem immer stärker regulierten Translationsprozess unterstützen können.

Kristina Lippmann

Die Bedeutung der Grundlagenforschung für die translationale Forschung

Jakob von Engelhardt

Ist oder wird meine Forschung jemals relevant für die Entwicklung neuer Therapien sein? Dies ist eine Frage, mit der sich jeder Grundlagenforscher zwangsläufig auseinandersetzen wird und auch sollte. Ich werde anhand dreier Forschungsprojekte meiner Arbeitsgruppe die Bedeutung der Grundlagenforschung für die Translationsforschung erläutern. Ich möchte aber gleichzeitig auch die Problematik ansprechen, die auftritt, wenn man versucht, Erkenntnisse der Grundlagenforschung für die Entwicklung neuer Therapien zu nutzen.

In unserem Labor beschäftigen wir uns mit den molekularen Grundlagen neuronaler Kommunikation und welche Veränderungen dazu führen, dass diese Kommunikation bei Erkrankungen des Gehirns nicht korrekt abläuft. Ziel unserer Forschung ist demnach ein besseres Verständnis der Kommunikation im gesunden Gehirn. Wir untersuchen die Rolle von synaptischen Proteinen bei Hirnprozessen wie z.B. der primären Verarbeitung oder dem späteren Erinnern von Informationen. Gleichzeit möchten wir aber auch die Bedeutung dieser Proteine für pathophysiologische Vorgänge besser verstehen. Hierfür nutzen wir Mausmodelle, also Mäuse, die so genetisch verändert sind, dass sie an einer Erkrankung leiden, die der beim Menschen auftretenden Erkrankung ähnelt. Wir suchen außerdem nach den genetischen Ursachen seltener, vererbbarerer Erkrankungen des Gehirns. Hierbei möchten wir Proteine identifizieren, die krankheitsauslösend sind, wenn sie beispielsweise mutationsbedingt eine veränderte Funktion aufweisen. Während die Erforschung neuronaler Kommunikation und der beteiligten Proteine im gesunden Gehirn reine Grundlagenforschung ist, kann man bei der Erforschung pathophysiologischer Mechanismen einen translationalen Aspekt erkennen. Ich werde aber erläutern, warum ein besseres Verständnis der Funktion von Proteinen im gesunden Organismus eine unersetzliche Grundlage für translationale Forschung ist. Umgekehrt gewinnen wir aus der Untersuchung der genetischen Ursache seltener Erkrankungen auch Erkenntnisse über die Funktion bekannter oder auch unbekannter Proteine im gesunden Gehirn.

I. Grundlagenforschung als Inspirationsquelle

Wenn ich von neuronaler Kommunikation spreche, geht es um einen Vorgang, bei dem eine präsynaptische Nervenzelle „spricht", während eine postsynaptische Nervenzelle „zuhört". Diese Kommunikation findet an sogenannten Synapsen statt, das heißt Stellen, an denen die beiden Nervenzellen räumlich engen Kontakt haben. Die präsynaptische Nervenzelle schüttet in den synaptischen Spalt einen Überträgerstoff (Transmitter) aus, der an Rezeptormoleküle bindet, die sich auf der Zellmembran der postsynaptischen Nervenzelle befinden. Die Folge dieser Kommunikation hängt davon ab, welcher Transmitter freigesetzt wird und welche Rezeptoren sich auf der Zellmembran der postsynaptischen Nervenzelle befinden. Ein besonders häufiger Transmitter erregender Synapsen ist Glutamat, der an Glutamatrezeptoren bindet, von denen es unterschiedliche Typen gibt. Wenn Glutamat an Glutamatrezeptoren vom AMPA-Typ (AMPA-Rezeptoren) bindet, kommt es zu einem Einstrom von positiv geladenen Ionen und damit zu einer schnellen Erregung der postsynaptischen Nervenzelle. Die Stärke der synaptischen Kommunikation korreliert mit der Zahl an AMPA-Rezeptoren in der postsynaptischen Membran. In den letzten Jahren stellte sich heraus, dass die Zahl der AMPA-Rezeptoren durch eine Reihe an Proteinen kontrolliert wird, die direkt mit den Rezeptoren interagieren und sie beispielsweise in der Synapse verankern können. Diese sogenannten auxiliären Untereinheiten beeinflussen aber nicht nur die Zahl der synaptischen Rezeptoren, sondern auch deren Stromeigenschaften. Damit haben diese Proteine einen direkten Einfluss auf die Effektivität synaptischer Kommunikation. Vor ein paar Jahren haben wir mittels Massenspektrometrie neue Interaktionspartner von AMPA-Rezeptor gesucht (von Engelhardt et al. 2010). Die Funktion einiger der dabei identifizierten Proteine war bis dahin überhaupt nicht bekannt, weshalb wir primär eine Charakterisierung der Expression und Funktion dieser Proteine durchführten. Es zeigte sich, dass die Proteine in unterschiedlichen Hirnregionen und Zelltypen zu finden sind. Für funktionelle Untersuchungen haben wir synaptische Ströme von Nervenzellen genetisch unveränderter (wildtyp) Mäuse mit denen von Mäusen verglichen, die aufgrund einer genetischen Manipulation einer der auxiliären Untereinheiten nicht exprimierten (knockout-Mäuse). Die Bedeutung des Einflusses dieser Proteine für die Verarbeitung von Informationen haben wir schließlich exemplarisch am visuellen System untersucht. Dort wird die auxiliäre Untereinheit CKAMP44 hoch exprimiert. Mit Hilfe von intrazerebralen EEG-Untersuchungen an Mäusen konnten wir zeigen, dass die genetische Ausschaltung von CKAMP44 zu einer deutlich veränderten Aktivität von Nervenzellen des visuellen Systems führt (Chen et al., 2018). CKAMP44 beeinflusst demnach die Verarbeitung visueller Informationen.

Das beschriebene Forschungsprojekt ist ein Beispiel für eine typische Grundlagenforschung. Es werden primär neue Proteine identifiziert und sekundär mit Hilfe von Zellkultursystemen oder knockout Mäusen deren Funktion analysiert. Es gibt aber mehrere Gründe, die dafür sprechen, dass diese Art von Forschung eine unverzichtbare Grundlage für translationale Forschung darstellt. Der erste Grund ist trivial: Es gibt eine Reihe von Publikationen, die darauf hindeuten, dass durch Mutationen in ihrer Funktion veränderte, mit AMPA-Rezeptoren interagierende Proteine das Risiko für Erkrankung des Gehirns wie z.B. Epilepsien, Bewegungsstörungen, Schizophrenien, Autismus, mentale Retardierung erhöhen (de Wit and Ghosh 2014; Ebrahimi-Fakhari et al. 2015; Kato et al. 2010; Madeo et al. 2016; Verpelli et al. 2012). Ein besseres Verständnis der Pathophysiologie dieser Erkrankungen ist ein erster Schritt für eine mögliche Behandlung. Ein zweiter wichtiger Grund liegt darin, dass AMPA-Rezeptoren theoretisch ein guter Ansatzpunkt für die pharmakologische Behandlung von Erkrankungen des Gehirns sind. Epilepsien zeichnen sich beispielsweise durch ein Ungleichgewicht von Exzitation und Inhibition aus. Ein epileptischer Anfall, der durch ein relatives Überwiegen der Exzitation hervorgerufen wird, sollte demnach theoretisch durch das pharmakologische Blockieren von exzitatorischen AMPA-Rezeptoren unterbunden werden können. In der Tat ist der AMPA-Rezeptor Blocker Perampanel für die Behandlung von Epilepsien zugelassen. Eine breite Anwendung von Substanzen, die AMPA-Rezeptoren blockieren, wird aber durch die erwartungsgemäßen Nebenwirkungen erschwert oder verhindert. Nebenwirkungen von Perampanel sind beispielsweise Schwindel und Koordinationsprobleme. Diese Nebenwirkungen erklären sich dadurch, dass AMPA-Rezeptoren auch im Kleinhirn exprimiert werden und damit durch Perampanel die Funktion dieser Hirnregion gestört wird. Da sich AMPA-Rezeptoren im Prinzip wohl auf allen Nervenzellen finden, ist eine selektive Symptomenbehandlung kaum möglich, Nebenwirkungen auf Grund der Bedeutung der Rezeptoren für die Aktivität von Nervenzellen mit unterschiedlichsten Funktionen nicht zu verhindern. Die deutlich selektivere Expression der auxiliären Untereinheiten von AMPA-Rezeptoren eröffnet jedoch möglicherweise einen Ausweg aus diesem Dilemma. Für eine zelltypselektive Blockierung von AMPA-Rezeptoren und damit funktionsspezifischere Modulation von Hirnfunktionen benötigt man Substanzen, die spezifisch an solche AMPA-Rezeptoren binden, die ausschließlich oder überwiegend in den Nervenzellen vorhanden sind, deren Aktivität man beeinflussen möchte. In der Tat ist vor kurzem solch eine Substanz hergestellt worden. LY3130481 der Firma Cerecor blockiert spezifisch AMPA-Rezeptoren, die mit der auxiliären Untereinheit TARP γ-8 interagieren. Da diese Rezeptoren vor allem auf bestimmten Nervenzellen des Großhirns zu finden sind, ist eine deutlich selektivere Symptomenbehandlung möglich. In einer ersten Studie konnten bei Ratten epileptische Anfälle ähnlich effektiv wie mit Perampanel verhindert werden. Die Ratten litten aber nicht unter den bei einer Perampanel-Behandlung beobachteten Nebenwirkungen (Koordinationsstörungen) (Kato et al., 2016). Die grundlegende Erforschung der Funktion und Expression der auxiliären Untereinheiten erleichtert bzw. ermöglicht eine hypothesengetriebene Suche nach selektiven Antagonisten oder Modulatoren von AMPA-Rezeptoren, die mit bestimmten auxiliären Untereinheiten interagieren. Die Bedeutung der Grundlagenforschung ist dabei natürlich nicht auf die Untersuchung der AMPA-Rezeptoren beschränkt. Die zielgerichtete Entwicklung von pharmakologischen Substanzen für eine spezifischere Symptomenbehandlung von Erkrankungen des Gehirns ist im Prinzip nur möglich, wenn wir die Funktion von Proteinen kennen, die besonders häufig in bestimmten Zelltypen zu finden sind.

II. Mind the gap – Von Mäusen und Menschen

Im letzten Abschnitt habe ich die Bedeutung und die Chancen der Grundlagenforschung für eine erfolgreiche translationale Forschung diskutiert. Im zweiten Projekt geht es um die Erforschung der pathophysiologischen Grundlagen der Alzheimer-Krankheit (Morbus Alzheimer). Diese untersuchen wir an Mäusen, die nach genetischen Manipulationen an Alzheimer-ähnlichen Symptomen leiden. Die Rolle, die diese Forschung für die Entwicklung neuer Therapieansätze spielt, ist sicher direkter ersichtlich als im ersten Beispiel und soll deshalb nicht Fokus dieses Abschnittes sein. Vielmehr möchte ich auf die Problematik eingehen, die sich bei der Translation von am Mausmodell gewonnenen Erkenntnissen auf Alzheimer-Patienten ergibt. Die Alzheimer-Krankheit ist eine neurodegenerative Erkrankung und die häufigste Form der Demenzen. Es handelt sich meistens um eine multifaktorielle Erkrankung. Das bedeutet, es ist nicht möglich, einen einzelnen Faktor zu identifizieren, der die Krankheit verursacht. Seltener wird die Krankheit durch eine Mutation in einem Gen verursacht. Sowohl bei monogenetischer als auch bei multifaktoriell verursachter Alzheimer-Krankheit scheint eine Überproduktion des Peptids Amyloid-β eine wichtige Rolle zu spielen. Wir analysierten in diesem Zusammenhang, ob NMDA-Rezeptoren bei der toxischen Wirkung von Amyloid-β eine Rolle spielen. NMDA-Rezeptoren sind wie AMPA-Rezeptoren Unterformen der Glutamat-Rezeptoren. Im Unterschied zu den meisten AMPA-Rezeptoren sind sie aber durchlässig für Calcium-Ionen. Diese aktivieren nach Einstrom in die Zelle eine Reihe an Signalkaskaden, welche letztlich zum Beispiel die Kommunikation von Nervenzellen stärken oder schwächen. Diese neuronale Plastizität ist im gesunden Gehirn die zelluläre Grundlage für Lernen und Gedächtnis. Bei vielen Erkrankungen des Gehirns führt aber eine überschießende Aktivierung von NMDA-Rezeptoren zu einem exzessiven Einstrom von Calcium in die Zelle, was die Kommunikation von Nervenzellen stört, die Morphologie von Nervenzellen verändert und schließlich auch zum Zelltod führen kann. Die Analyse der Bedeutung von NMDA-Rezeptoren bei Erkrankungen des Gehirns könnte deshalb relevant für therapeutische Interventionen sein. Wir konnten in der Tat zeigen, dass die genetische Ausschaltung (knockout) von NMDA-Rezeptoren im Gehirn von Mäusen dazu führt, dass Amyloid-β die Kommunikation zwischen Nervenzellen weniger ausgeprägt schädigt. Morphologische Veränderungen der Nervenzellen konnten allerdings auf diese Weise nicht verhindert werden. Die Daten dieser Studie sind unter anderem deshalb relevant, da sie möglicherweise eine Erklärung dafür geben, warum der NMDA-Rezeptor Blocker Memantin, der bei der Behandlung der Alzheimer Krankheit zur Anwendung kommt, nur wenig effektiv ist. So kann unter der Therapie mit Memantin zwar eine gewisse Verbesserung der kognitiven Fähigkeiten beobachtet werden, das Fortschreiten des Krankheitsprozesses selbst kann aber nicht aufgehalten werden. Ein Fokus unserer Studie lag auf der Untersuchung, welche der unterschiedlichen NMDA-Rezeptor-Unterformen für die Vermittlung der Amyloid-β Toxizität verantwortlich ist. Sollte eine bestimmte Unterform eine besonders ausgeprägte Rolle spielen, wäre eine bessere Therapie mit Antagonisten denkbar, die spezifische für diese Unterform sind.

Aus mehreren Gründen muss man allerdings vorsichtig bei der Übertragung der Ergebnisse vom Mausmodell auf Alzheimer-Patienten sein. Das liegt vor allem daran, dass die Ergebnisse eben nicht an Patienten, sondern an Mäusen gewonnen wurden. Diese leiden auf Grund einer genetischen Manipulation an einer Erkrankung, die Parallelen zur Alzheimer-Krankheit aufweist. Das von uns untersuchte Alzheimer-Mausmodell wurde hergestellt, indem Mutationen in das Genom der Maus eingefügt wurden, die bei monogenetischen Alzheimer Krankheit gefunden wurden. Die Mutationen sind demnach im Prinzip vergleichbar. Da die bei Alzheimer-Patienten gefundenen Mutationen aber während der kurzen Lebenszeit einer Maus zu keinen Veränderungen führen würden, hat man gleich mehrere Mutationen eingefügt. Dies führt durch eine exzessive Überproduktion von Amyloid-β bereits nach mehreren Monaten zu Symptomen bei den Mäusen. Diese ähneln auch teilweise den Symptomen bei Alzheimer-Patienten. Ob aber die pathophysiologischen Mechanismen, die zu den Symptomen bei den Mäusen und den Patienten führen, die gleichen sind, ist unklar. Die viel schnellere Symptomentstehung bei den Mäusen spricht allerdings eher dafür, dass es gravierende Unterschiede bei den pathophysiologischen Mechanismen gibt. So fehlen in der Tat einige pathologische Veränderungen im Gehirn der Mäuse, die bei Alzheimer-Patienten vorhanden sind. Ähnliche Beobachtungen können bei den meisten Mausmodellen von Erkrankungen gemacht werden. Die Unterschiede der Pathologien und Symptome zwischen Mäusen und Menschen können teilweise damit erklärt werden, dass die Faktoren, welche Krankheiten bei Menschen verursachen, häufig nicht entsprechend in der Maus verändert werden können. Das trifft im Prinzip auf alle Erkrankungen von multifaktoriellen Erkrankungen zu. Aber auch ein Mausmodell einer monogenetischen Erkrankung, dass durch die gleiche genetische Veränderung generiert wurde, die auch bei den Patienten vorhanden ist, weist im Allgemeinen Unterschiede in den pathophysiologischen Mechanismen und Symptomen zu denen der Patienten auf. Dies kann beispielsweise dadurch erklärt werden, dass das Gehirn der Mäuse bei aller Ähnlichkeit eben doch kein Menschengehirn ist. So findet man Unterschiede in der Anatomie, der Expression und Funktion von Proteinen, den Stoffwechselvorgängen, der Widerstandsfähigkeit gegenüber schädigender Einwirkungen und auch der Regenerationsfähigkeit. Welcher Nutzen hat die Erforschung pathophysiologischer Mechanismen oder Therapien von Krankheiten mit Hilfe von Mausmodellen, wenn die Forschungsergebnisse nur eingeschränkt auf den Menschen übertragbar sind? Die an Mausmodellen gewonnenen Ergebnisse können beispielsweise wichtige Anregungen für neue Therapien geben. Zudem können neue Therapien im Mausmodell getestet werden. Vor einer Erstanwendung am Menschen müssen neue Medikamente oder auch Operationstechniken natürlich trotzdem an Tieren, die dem Menschen näher als Mäuse sind, getestet werden. Dabei nimmt man vor allem Hunden, Schweine oder in seltenen Fällen Primaten wie z.B. Makaken. Obwohl bei der Translation der Ergebnisse vom Mausmodell auf den Menschen die Testung an weiteren Tierarten als Zwischenstation unabdingbar ist, kann eine vergleichbare Wirksamkeit oder Toxizität der Therapie selbst bei diesen Tieren nicht in jedem Fall vorausgesetzt werden. So vertragen beispielsweise Hunde Ibuprofen im Unterschied zu Menschen nicht. Umgekehrt stellte sich vor einigen Jahren die immunmodulatorische Substanz TGN1412 in der verwendeten Dosis als sehr toxisch für Menschen heraus. TGN1412 war vor Durchführung einer klinischen Studie in humanen Zellkulturen und Tiermodellen getestet worden. Alle sechs Männer der Stufe-1-Studie reagierten mit schwerwiegenden Nebenwirkungen inklusive multiplem Organversagen auf die Substanz, die bei Makaken in einer ca. 500-fach höheren Konzentration als verträglich eingestuft worden war (Hünig, 2012). Da solche Speziesdifferenzen leider nicht immer vorhersehbar sind, werden sicher auch in Zukunft bei der Erstanwendung neuer Medikamente Zwischenfälle, bei denen gravierende Nebenwirkungen auftreten, nicht immer vermeidbar sein. Das bedeutet aber natürlich nicht, dass die Medikamententestung an Tieren unnötig ist, sondern dass noch größere Vorsicht bei der Erstanwendung beim Menschen notwendig ist.

Warum werden pathophysiologische Mechanismen oder neue Therapien nicht a priori an Spezies untersucht, die dem Menschen näher als die Maus sind? Genetische Manipulationen sind bei diesen Tieren im Unterschied zur Maus bisher sehr schwierig, sodass Krankheitsmodelle meistens nicht vorhanden sind. Pathophysiologische Mechanismen lassen sich deshalb an z.B. Schweinen, Hunden und Makaken nur eingeschränkt bzw. nur für solche Krankheiten untersuchen, die auch bei diesen Tieren natürlicherweise vorkommen. Schließlich verbieten ethische Überlegungen die primäre Erforschung pathophysiologischer Mechanismen oder die Suche nach neuen Therapiemöglichkeiten an Spezies, die dem Menschen näher als Mäuse sind, da dafür Untersuchungen an einer nicht unerheblichen Zahl an Tieren notwendig sind. Das liegt zum einen daran, dass nur so statistisch valide Ergebnisse erhoben werden können. Zum anderen befindet sich die Forschung hier meist noch in einem Stadium, in dem viele Hypothesen getestet werden müssen, was nur mit einer entsprechenden Zahl an Versuchen möglich ist. Selbstverständlich versucht man die Zahl an Versuchstieren soweit wie möglich zu reduzieren, auch wenn es sich um Mäuse handelt, indem man zum Beispiel vorher

Versuche an Zellkulturen durchführt. Über die Kombination der verschiedenen Untersuchungsansätze – Zellkulturen, Tierversuche an Mäusen und höheren Spezies – versucht man also die Forschung ethisch vertretbar zu machen und eine Translation der Ergebnisse auf den Menschen zu ermöglichen.

III. Was können wir von seltenen Erkrankungen lernen?

Im letzten Abschnitt stelle ich ein Projekt vor, in dem wir versuchen, die genetische Ursache seltener Erkrankungen zu identifizieren. Anhand dieses Projektes möchte ich die Relevanz einer solchen Forschung für das Verstehen und die Behandlung von häufigen Erkrankungen erläutern. Eine Erkrankung ist selten, wenn nicht mehr als 5 von 10.000 Menschen von ihr betroffen sind. Die von uns untersuchten Erkrankungen kommen sogar noch viel seltener vor. Sie treten allerdings familiär gehäuft auf, was darauf zurückzuführen ist, dass Genmutationen ursächlich für die Erkrankung sind. Die Symptome der Patienten ähneln dabei bei vielen Familien den Symptomen häufiger Erkrankungen. So leiden die Patienten in einigen Familien an einer Parkinson-Krankheit (Morbus Parkinson). Bei den meisten nicht-familiären Parkinson-Patienten kann keine Ursache identifiziert werden. Man nimmt in diesem Fall an, dass es sich um multifaktorielle Erkrankungen handelt, bei denen genetische und Umweltfaktoren zusammen ursächlich für die Pathologien sind. In seltenen Fällen hat die Parkinson-Krankheit eine monogenetische Ursache und kann vererbt werden, was eine familiäre Häufung erklärt. Um die genetische Ursache zu identifizieren, haben wir Ganzgenomanalysen mit DNA von Patienten und nicht-erkrankten Verwandten durchgeführt. Bei dieser Untersuchung haben wir bisher nicht bekannte Genmutationen gefunden. Diese befanden sich bei einigen Familien in Genen, von denen man bisher nicht wusste, dass sie für Erkrankungen des Gehirns relevant sind. In einigen Fällen führten die Mutationen zu einem kompletten Fehlen des durch das Gen kodierten Proteins, in anderen Fällen zu einem dysfunktionalen Protein. Die Folgen der identifizierten Genmutationen für die Funktion von Nervenzellen untersuchen wir derzeit an Zellkulturen. Mit Hilfe von Mausmodellen können dann im weiteren die pathophysiologischen Prozesse analysiert werden, die durch die Genmutationen zu Erkrankungen des Gehirns führen. Diese Untersuchungen tragen zu einem besseren Verständnis der Funktion bekannter und unbekannter Proteine bei. Einige der Proteine sind in einem anderen Kontext bereits bekannt. Die Information, dass die mutationsbedingte Dysfunktion oder Fehlen des Proteins zu einer neurodegenerativen Erkrankung wie der Parkinson Krankheit führen, wirft aber ein neues Licht auf das Protein und zeigt, dass es neben der bekannten eine weitere unbekannte Funktion hat.

Welche Relevanz haben diese Erkenntnisse für die Entwicklung einer Therapie für die an der seltenen Erkrankung leidenden Patienten? Die Antwort fällt leider etwas ernüchternd aus. Selbst eine weitgehende Aufklärung der mutationsbedingten pathophysiologischen Veränderungen, die der Erkrankung zu Grunde liegen, führt häufig nicht zu einer neuen Therapie. Das liegt unter anderem daran, dass die kostspielige Entwicklung einer neuen Therapie für eine Erkrankung, an der nur sehr wenige Patienten leiden, für pharmazeutische Unternehmen wenig attraktiv ist. Die Entwicklung neuer Methoden, mit denen man die Expression von Genen beeinflussen kann, lässt aber hoffen, dass man in Zukunft gezielter Therapien für Erkrankungen entwickeln kann, denen Genmutationen zu Grunde liegen. So wurde kürzlich eine erfolgversprechende Therapie für die bisher nicht heilbare spinale Muskelatrophie entwickelt (Finkel et al., 2016) Diese Therapie basiert auf einer neuen Methode (Antisense-Technik), mit der die Expression eines Genes beeinflusst werden kann. Für die Entwicklung dieser Therapie waren detaillierte Kenntnisse der krankheitsrelevanten Mutationen im SMN1-Gen und der Funktion des SMN-Proteins notwendig.

Die Identifizierung krankheitsrelevanter Genmutationen und Erforschung der Pathophysiologie, die der seltenen Erkrankungen zu Grunde liegt, kann also zur Entwicklung einer neuen Therapie führen. Können diese Erkenntnisse auch relevant für eine Behandlung von Patienten sein, die an einer häufigen Erkrankung leiden, die zwar ähnliche Symptome aufweist, aber andere Ursachen hat? Die Ursachen für diese meist multifaktoriellen Erkrankungen sind selten genau verstanden. Es gibt beispielsweise viele Hypothesen, wie es zur Neurodegeneration bei der Parkinson-Krankheit kommt. Zentral für diese Hypothesen ist meist eine Dysfunktion in bestimmten Stoffwechselwegen oder zellulären Kompartimenten. Bei der Parkinson Krankheit wird zum Beispiel angenommen, dass ein fehlerhafter Proteinabbau, eine Dysfunktion von Mitochondrien und von Synapsen oder eine intrazelluläre Ablagerung des falsch gefalteten Proteins α-Synuclein von Bedeutung sind. Es ist wahrscheinlich, dass nicht eine dieser pathophysiologischen Veränderungen alleine für die Erkrankung verantwortlich ist, sondern diese in komplexer Wechselwirkung Zellfunktionen so verändern, dass es schließlich zum Zelltod kommt. Für ein besseres Verstehen der Pathophysiologie der Parkinson-

Krankheit ist deshalb eine genaue Kenntnis der beteiligten Stoffwechselwege und Proteine notwendig. Hier kann die Identifizierung der Genmutation, die ursächlich für die seltenen Parkinson-Krankheiten ist, von Bedeutung sein. Die durch die Genmutation in ihrer Funktion veränderten Proteine funktionieren eventuell bei einer multifaktoriellen Parkinson-Krankheit normal. Sie führen aber beispielsweise zu einer Dysfunktion in einem Stoffwechselweg, von dem man annimmt, dass er auch bei der multifaktoriellen Parkinson-Krankheit eine Rolle spielt. Die Ursache für die Krankheit wäre in diesem Fall zwar unterschiedlich, die Dysfunktion im gleichen Stoffwechselweg würde aber die ähnlichen Symptome erklären können. Die Identifizierung der genetischen Ursache einer seltenen Erkrankung kann demnach bei der Suche nach Ursachen für häufige Erkrankungen einen bestimmten Stoffwechselweg in den Fokus rücken. Dies kann dann möglicherwiese auch neue Therapieoptionen aufzeigen, indem man Substanzen entwickelt, die gezielt die Funktion dieses Stoffwechselwegs modulieren.

IV. Zusammenfassung

Die Forschungsergebnisse der Grundlagenforschung sind sicher häufig der erste Baustein einer translationalen Forschung. Meistens kann der Grundlagenforscher aber nicht weit über die ersten Schritte zu einer neuen Therapie hinausgehen. Es sind demnach anwendungsorientierte Forscher in Universitäten oder pharmazeutischen Unternehmen, welche die nächsten Schritte bei der Entwicklung einer neuen Therapie gehen. Die Ergebnisse der Grundlagenforschung können dabei die entscheidenden Informationen für die Hypothesenbildung liefern. Dabei sollten die Schwierigkeiten bei der Translation der Forschungsergebnisse vom Tier zum Menschen nicht vergessen werden.

Literatur

Chen, X.F.; Aslam, M.; Gollisch, T.; Allen, K.; von Engelhardt, J. (2018): CKAMP44 modulates integration of visual inputs in the lateral geniculate nucleus. In: *Nat Commun 9*.

de Wit, J.; Ghosh, A. (2014): Control of neural circuit formation by leucine-rich repeat proteins. In: *Trends in Neurosciences* 37, S. 539–550.

Ebrahimi-Fakhari, D.; Saffari ,A; Westenberger, A.; Klein, C. (2015): The evolving spectrum of PRRT2-associated paroxysmal diseases. In: *Brain* 138, S. 3476–3495.

Engelhardt, J. von; Mack, V.; Sprengel, R.; Kavenstock, N.; Li, K.W.; Stern-Bach, Y.; Smit, A.B.; Seeburg, P.H.; Monyer, H. (2010): CKAMP44: a brain-specific protein attenuating short-term synaptic plasticity in the dentate gyrus. In: *Science* 327, S. 1518–1522.

Finkel, R.S.; Chiriboga, C.A.; Vajsar, J.; Day, J.W.; Montes, J.; De Vivo, D.C.; Yamashita, M.; Rigo, F.; Hung, G.; Schneider, E.; Norris, D.A.; Xia, S.T.; Bennett, C.F.; Bishop, K.M. (2016): Treatment of infantile-onset spinal muscular atrophy with nusinersen: a phase 2, open-label, dose-escalation study. In: *Lancet* 388, S. 3017–3026.

Hunig, T. (2012): The storm has cleared: lessons from the CD28 superagonist TGN1412 trial. In: *Nat Rev Immunol* 12, S. 317–318.

Kato, A.S.; Gill, M.B.; Yu, H.; Nisenbaum, E.S.; Bredt, D.S. (2010): TARPs differentially decorate AMPA receptors to specify neuropharmacology. In: *Trends in Neurosciences* 33, S. 241–248.

Kato, A.S. et al. (2016): Forebrain-selective AMPA-receptor antagonism guided by TARP gamma-8 as an antiepileptic mechanism. In: *Nat Med*.

Madeo, M. et al. (2016): Loss-of-Function Mutations in FRRS1L Lead to an Epileptic-Dyskinetic Encephalopathy. In: *Am J Hum Genet* 98, S. 1249–1255.

Verpelli, C.; Schmeisser, M.J.; Sala, C.; Boeckers, T.M. (2012): Scaffold Proteins at the Postsynaptic Density. In: *Adv Exp Med Biol* 970, S. 29–61.

Labormedizin – Entwicklungspartner für Translation

Peter Wieloch, Laura Ranzenberger,
Sandra Gilbert, Wolfgang Kaminski

Abstract

Die Translation durchläuft bedeutende Veränderungen. Es bestehen enorme Chancen durch die Digitalisierung und verbesserte diagnostische Verfahren. Diese erlauben eine zunehmende Personalisierung von Therapien. Der Weg von der Grundlagenforschung zum Patienten ist jedoch weiterhin sehr aufwändig. Regulatorische Anforderungen steigen kontinuierlich an. Die Labormedizin fand bei der Translation bisher wenig Beachtung. Sie leistet jedoch, vermittelt durch die zunehmende Relevanz der Diagnostik, einen immer wichtigeren Beitrag zur Gesundheitsversorgung. Unternehmen, die sowohl über das Know-how in Forschung und Entwicklung verfügen als auch eine breite Routineversorgung sicherstellen, sind daher ideale Entwicklungspartner für Pharma- und Biotechnologie-Unternehmen, wie auch für Diagnostika-Hersteller. Diese Labore können den gesamten Translationsprozess ‚from bench to bedside' mit fachlicher Expertise und dem Zugriff auf Real-World-Daten begleiten und effektiver machen.

Frau Hesses Rezept – ein Nährboden für Translation

Fanny Hesse, für viele wahrscheinlich bisher nicht bekannt, lieferte Ende des 19. Jahrhunderts einen entscheidenden Beitrag zur Erforschung des Tuberkulose-Erregers: ein solides Kulturmedium für Bakterien.

Die in New York geborene Fanny Hesse war die Frau und Laborassistentin von Robert Kochs Mitarbeiter Walther Hesse. Er erzählte ihr von der Schwierigkeit, einen geeigneten Nährboden zu finden, um Bakterien zu kultivieren und diese voneinander zu trennen. Die Lösung war ein einfacher und zugleich genialer Küchentrick: Fanny Hesse griff zu Agar-Agar, einem Geliermittel aus

Algen. Dieses kannte sie von Freunden, die einst auf Java lebten. Das durchsichtige Gel hatte zwei entscheidende Vorteile gegenüber der bis dahin verwendeten Gelatine: Es blieb auch bei steigenden Temperaturen fest. Und es wurde nicht von den darauf wachsenden Bakterien zersetzt. Bis heute wird Agar-Agar in der Diagnostik eingesetzt. Robert Koch erwähnte 1882 übrigens nur Agar-Agar, im Zusammenhang mit der Entdeckung des Tuberkuloseerregers, nicht Fanny Hesse.

Warum beginnt unser Beitrag mit dieser Geschichte? Weil erfolgreiche Translation den richtigen Nährboden benötigt. Und sie zeigt, wie wichtig es ist, den richtigen Partner zu haben und verschiedene Blickwinkel einzubeziehen. Gerade in der Forschung. Denn ohne Fanny Hesse hätten Walther Hesse und demnach Robert Koch wahrscheinlich länger nach einem geeigneten Nährboden gesucht (Hesse 1992: 425-428).

Wie Robert Koch brauchen auch heute Wissenschaftler den richtigen Partner – idealerweise aus der „Real World“–, um ein Forschungsprojekt in die medizinische Grundversorgung zu übersetzen.

Diese Rolle kann heute ein modernes Labor übernehmen, indem es der Grundlagenforschung den „Nährboden“ liefert, auf dem Ideen und Ansätze erfolgreich wachsen können.

Vor der Therapie steht die Diagnose

Zielgerichtete Therapien basieren auf präziser Diagnostik. Ein deutlicher Trend in der Entwicklung von Arzneimitteln geht heute weg vom Blockbuster-Prinzip und hin zu personalisierten Ansätzen, bei denen definierte Patientengruppen **stratifiziert** bestimmten Therapien zugeordnet werden. Diese Entwicklung wird ganz maßgeblich durch **neue diagnostische Möglichkeiten** vorangetrieben. Gleichzeitig hat sich die Verfügbarkeit dieser diagnostischen Optionen zu einem entscheidenden Erfolgsfaktor für die zielgerichteten Therapien entwickelt (Akhmetov et al. 2015: 213-228).

Wenn Diagnostik zukünftig immer stärker über den Einsatz bestimmter Therapien entscheidet, dann hat sie auch einen zunehmenden Einfluss auf den Prozess der Translation.

Die Stratifizierung von Patienten in bestimmte Gruppen und Untergruppen an sich stellt kein neues Konzept dar. Ein klassisches Beispiel ist die Einteilung der Ursache eines Fiebers als bakteriell oder viral und die hieraus sich ergebende Therapieentscheidung. In den letzten Jahren haben sich jedoch bedeutende Fortschritte im molekularen Verständnis der Krankheitsursachen ergeben, die zunehmend zielgerichtete Behandlungen ermöglichen (Academy of Medical Sciences et al. 2015: 6 f.).

Heute bilden molekulargenetische Analysen zur Stratifizierung von Patienten bei Tumorerkrankungen die größte Gruppe unter den zielgerichteten Therapien. Dies muss aber nicht so bleiben. Prinzipiell macht es für viele Erkrankungen Sinn, stratifizierte Therapieansätze zu verfolgen. Voraussetzung hierfür ist ebenfalls eine präzise Diagnostik (Gillespie RL. et al. 2014; Chaker AM. und Klimek L. 2015).

Erkrankungen lassen sich in ihrer Ausprägung mitnichten allein auf ihr genetisches Korrelat zurückführen. Die Analyse des Genoms mittels Verfahren wie Next Generation Sequencing liefert enorme diagnostische Möglichkeiten. Sie wird aber durch die Analyse weiterer „-Ome", wie dem Transkriptom, dem Metabolom oder dem Proteom ergänzt. Es zeigt sich immer mehr der herausragende Stellenwert, unterschiedliche diagnostische Daten in einem integrierten Ansatz zu bewerten. Die Diagnostik wird immer größere Mengen unterschiedlicher Parameter einbeziehen, um Ursachen von Erkrankungen aufzudecken und Präventions- oder Therapiemöglichkeiten anzubieten (Higdon et al. 2014: 197-208).

Vom Themenpark zum Real-World-Setting

Rund 60 Jahre nach der Anzüchtung des Tuberkulose-Erregers durch Robert Koch, auf Fanny Hesses Agar-Agar, hatte in Zusammenhang mit der Tuberkuloseforschung eine weitere Neuerung ihren Ausgangspunkt:

Der Statistiker Austin Bradford Hill entwarf zur Untersuchung der Effekte von Streptomycin bei der Tuberkulosebehandlung die wahrscheinlich erste randomisierte klinische Studie (Medical Research Council 1948: 769-783). Seitdem haben randomisierte kontrollierte Studien ihren Einzug in die klinische Forschung erhalten und sind bis heute der Goldstandard. Während die Konzepte beim Studiendesign sich in den vergangenen Jahrzehnten nicht grundlegend geändert haben, wurde die klinische Forschung, vermittelt durch zunehmende Regulierungen, immer aufwändiger und kostenintensiver. Heute stellt sie mit fast 50 Prozent der gesamten Forschungs- und Entwicklungsausgaben in der pharmazeutischen

Industrie den größten Kostenfaktor dar (Bundesverband der Pharmazeutischen Industrie e.V. 2017).

Das aktuell praktizierte System der Translation hat unter anderem den Preis, dass wirksame Therapien aufgrund der langen Entwicklungszeiten **erst nach vielen Jahren** in der klinischen Routine ankommen. Durchschnittlich dauert der Weg von der Idee für ein Medikament in einer frühen Forschungsphase bis hin zum zugelassenen Arzneimittel 13,5 Jahre (Pharma Fakten 2018). Die Hürden gelten nicht nur für Arzneimittel, sondern im Zuge neuer EU-Regularien zunehmend auch für Medizinprodukte. Insbesondere die **EU in-vitro Diagnostika Verordnung sorgt hierbei für einen Paradigmenwechsel** in der bisherigen Zulassungsstrategie (VERORDNUNG (EU) 2017/746 2017). Es ist von signifikanten Auswirkungen auf den gesamten in-vitro Diagnostikamarkt in Europa auszugehen.

Die Durchführung klinischer Forschung ist zwar seit Jahrzehnten eine der Grundlagen evidenzbasierter medizinischer Versorgung. Es stellt sich jedoch die Frage, ob die Translation sich effizienter gestalten lässt?

„Real-World-Daten" als Quelle für Erkenntnisse und medizinische Entwicklungen rücken als mögliche Antwort mehr und mehr in den Vordergrund. Die USA haben mit dem 21st Century Cures Act im Jahr 2016 eine Reihe von Maßnahmen mit dem Ziel einer schnelleren Zulassung von Arzneimitteln und Medizinprodukten beschlossen und damit eine Vorreiterrolle übernommen (Sherman et al. 2016).

Big-Data-Analysen von Routinedaten stellen ein enormes Potential für die Verbesserung von Therapien dar. Über intelligente Algorithmen und unter Einbezug künstlicher Intelligenz lassen sich Muster erkennen, die zur frühzeitigen Diagnose, Prävention, aber auch zur Entwicklung neuer therapeutischer Ansätze dienen können (Suvarna 2018).

Einer der wesentlichen Kritikpunkte an den Daten aus der medizinischen Grundversorgung ist, dass diese häufig nicht strukturiert und in unterschiedlichen voneinander abgegrenzten Datenbanken vorliegen. Das macht sie schwer zugänglich und auswertbar. Ferner bestehen berechtigte Anforderungen nach einem datenschutzrechtlich zulässigen und ethisch vertretbaren Vorgehen. Der Zugriff unterliegt hier starken Reglements (Auffray et al. 2016).

Lösungen kommen – ähnlich wie im Fall von Fanny Hesse – von einer Seite, an die viele über lange Zeit nicht gedacht haben: dem Labor.

Das Labor heute – stiller Riese mit unerwartetem Potential

Etwa zwei von drei aller medizinischen Diagnosestellungen beruhen auf labormedizinischen Untersuchungen oder werden durch diese bestätigt. Die Labormedizin ist unverzichtbarer Bestandteil einer patientengerechten Versorgung. Sie hat sich zu einem **Konditionalfach** für die Gesundheitsversorgung entwickelt (ALM – Akkreditierte Labore in der Medizin e.V. 2017).

Diabetes Mellitus, Hepatitis, AIDS aber auch genetische Erkrankungen werden heutzutage mittels labordiagnostischer Verfahren identifiziert. Gleiches gilt auch für die Überwachung von Therapien: Für eine Chemotherapie müssen immer wieder bestimmte Körperfunktionen überprüft werden. Dies kontrollieren Kliniker mit Hilfe der Labordiagnostik. Die Labordiagnostik bietet einige Tausend verschiedene Untersuchungen und Verfahren, mit denen Diagnostik, Therapie, Monitoring und personalisierte Medizin ideal unterstützt werden können.

Ein riesiges Spektrum, das durch die Labormedizin abgedeckt wird und mit dem sie einen hohen Beitrag zur allgemeinen Gesundheitsversorgung leistet. Und das bei vergleichsweise niedrigen Kosten, die bei drei Prozent der gesamten Gesundheitsausgaben liegen. Nicht selten wird die Labormedizin unterschätzt (Schöneberg et al. 2016).

Laborlandschaft Deutschland

Vom kleinen Labor mit weniger als fünf Mitarbeitern bis hin zum Laborkonzern gibt es im deutschen Labormarkt jede Unternehmensform (vgl. Schöneberg et al. 2016). Durch die wachsenden Anforderungen an die Labormedizin nimmt die Konsolidierung und Industrialisierung zu. Diese Entwicklung ist im Sinne eines effektiven Einsatzes von Mitteln und Ressourcen unumkehrbar. Durch die Organisation in Verbünden wird ärztliche Expertise gebündelt und zugleich sichergestellt, dass die Routinediagnostik in der Fläche gewährleistet bleibt, während arbeits- und kostenintensive Spezialdiagnostik an den am besten geeigneten Standorten zentralisiert ist (vgl. Diehl 2016).

Es bilden sich größere zentrale Einrichtungen, die dank ihrer **Vernetzung** trotz regionalem Bezug **flächendeckend** die Labordiagnostik sicherstellen können (siehe Abbildung 1).

Abbildung 1: Bioscientia Institut für Medizinische Diagnostik, Zentrallabor in Ingelheim.

Labormedizin – Entwicklungspartner für Translation

Die Labormedizin stand bisher in Bezug auf die Translation eher im Hintergrund. Dies ändert sich jedoch zum einen aufgrund der größer werdenden Bedeutung von Diagnostik. Zum anderen befördert die fortschreitende Digitalisierung die Labormedizin. Denn Labore liefern bereits heute hochstandardisierte Real-World-Daten in strukturierter Form – flächendeckend und international vergleichbar.

Im Spannungsfeld zwischen medizinisch-wissenschaftlichem Fortschritt, Kostendruck sowie den regulatorischen Anforderungen, insbesondere auch denen des Datenschutzes und ethischer Fragen, werden Partner benötigt, die die Kompetenz und die Möglichkeiten mitbringen, die Entwicklung innovativer Ideen von der Grundlagenforschung bis in die Routineanwendung hin zu begleiten und zu ermöglichen.

Entwicklungszeiten verlängern sich durch höhere Anforderungen an Zulassungsstudien. Und der Wettbewerb wird komplexer, etwa weil für den Markteintritt frischer Ideen neue Hürden wachsen. Spezialisierte Laborunternehmen vereinen jahrzehntelange Erfahrung in Laboranalytik mit einer engen Beziehung zu Forschung und Entwicklung. Sie können eine Entwicklungspartnerschaft über den gesamten Produktlebenszyklus hinweg zur Verfügung stellen.

Dies gilt heute mehr denn je für die Entwicklung und Zulassung neuer in-vitro-Diagnostika. Labormedizinische Institute haben einen sehr guten Überblick über die Nachfrage- und Anforderungssituation an der „bedside". Sie stehen mit den anfordernden Ärzten an Arztpraxen und Krankenhäusern in direktem Kontakt. Als Endanwender von Diagnostik können labormedizinische Institute den gesamten Entwicklungsprozess effizienter machen: Sie bringen bereits in frühen Entwicklungsphasen eines Produktes ihre Kompetenz und Erfahrung mit ein. In Kombination mit regulatorischem Know-how entsteht zusätzlich die Möglichkeit, den kompletten Entwicklungs- und Zertifizierungsprozess eines in-vitro-Diagnostikums bis zum Routineeinsatz zu unterstützen. Diese Vorteile kommen nicht nur etablierten Diagnostika-Herstellern zugute. Insbesondere junge Unternehmen mit innovativen Technologien profitieren von so einer Expertise.

Grundlage erfolgreicher Translation ist, dass die Grenzen zwischen den einzelnen Entwicklungsphasen überwunden werden. Entsprechend aufgestellte labormedizinische Institute können Innovationsprojekte über den gesamten Translationsprozess „from bench to bedside" hinweg unterstützen.

Vor dem Hintergrund steigender gesetzlicher Anforderung bei der Zulassung von in-vitro-Diagnostika wie auch der größer werdenden Bedeutung strukturierter Real-World-Daten wird die Relevanz der Labormedizin als Unterstützer und „Nährboden" für erfolgreiche Translation zukünftig weiter zunehmen.

Das Gute dabei ist: Mit der Labormedizin in der Translation stellt es sich ein wenig so dar wie damals für Robert Koch mit dem Nährmedium Agar-Agar: Man muss es nicht mehr neu erfinden, um es zu nutzen. Es ist alles bereits vorhanden.

Literatur

Academy of Medical Sciences, the University of Southampton, Science Europe and the Medical Research Council (2015): Stratified, personalised or P4 medicine: a new direction for placing the patient at the centre of healthcare and health education. Summary of a joint FORUM meeting held on 12 May 2015, 6 f.

Akhmetov I./Ramaswamy R./Akhmetov I. und Thimmaraju P. (2015): Market access advancements and challenges in "drugcompanion diagnostic test" co-development in Europe. In: *J. Pers. Med.* 5(2), 213–228, PubMed PMID: 26075972, [online] https://www.ncbi.nlm.nih.gov/pubmed/?term=26075972 [10.06.2018].

ALM – Akkreditierte Labore in der Medizin e.V. (2017): Labormedizin als Konditionalfach für die Patientenversorgung in Deutschland. [online] https://www.alm-ev.de/files/site-files/03%20Downloads/05%20Positionspapiere/2017/Positionspapier_ALM_eV.pdf [16.06.2018].

Auffray, Balling, Barroso, Bencze, Benson, Bergeron, Bernal-Delgado, Blomberg, Bock, Conesa, Del Signore, Delogne, Devilee, Di Meglio, Eijkemans, Flicek, Graf, Grimm, Guchelaar, Guo, Gut, Hanbury, Hanif, Hilgers, Honrado, Hose, Houwing-Duistermaat, Hubbard, Janacek, Karanikas, Kievits, Kohler, Kremer, Lanfear, Lengauer, Maes, Meert, Müller, Nickel, Oledzki, Pedersen, Petkovic, Pliakos, Rattray, Redón i Màs, Schneider, Sengstag, Serra-Picamal, Spek, Vaas, van Batenburg, Vandelaer, Varnai, Villoslada, Vizcaíno, Mary Wubbe und Zanetti (2016): Making sense of big data in health research: Towards an EU action plan. in: *Genome Med.*, 8: 71, PubMed PMID: 27338147, [online] https://www.ncbi.nlm.nih.gov/pmc/articles/PMC4919856/ [16.06.2018]

Bundesverband für Pharmazeutische Industrie e.V. (2017): Pharma-Daten 2017. [online] https://www.bpi.de/fileadmin/media/bpi/Downloads/Internet/Publikationen/Pharma-Daten/Pharmadaten_2017_DE.pdf [12.06.2018].

Chaker AM. und Klimek L. (2015): [Individualized, personalized and stratified medicine: a challenge for allergology in ENT?]. In: *HNO* 63(5), 334–42, PubMed PMID: 25940007, [online] https://www.ncbi.nlm.nih.gov/pubmed/25940007 [10.06.2018].

Diehl (2016): Positionierung des medizinischen Labors. In: *Diagnostik im Dialog*, Ausgabe 50, [online] https://www.roche.de/res/literatur/964/Positionierung-des-medizinischen-Laborsoriginal-c0b7944aab0159c6afc60699edb6ae13.pdf [16.06.2018].

Enzmann H./Meyer R. und Broich K. (2016): The new EU regulation on in vitro diagnostics: potential issues at the interface of medicines and companion diagnostics. In: *Biomark Med.*, 10(12), 1261–1268, PubMed PMID: 27661101, [online] https://www.ncbi.nlm.nih.gov/pubmed/?term=27661101 [10.06.2018].

Gillespie RL./O'Sullivan J./Ashworth J./Bhaskar S./Williams S./Biswas S./Kehdi E./Ramsden SC./Clayton-Smith J./Black GC. und Lloyd IC (2014): Personalized diagnosis and management of congenital cataract by next-generation sequencing. In: *Ophthalmology*, 121(11), 2124–37, PubMed PMID: 25148791, [online] https://www.ncbi.nlm.nih.gov/pubmed/25148791 [10.06.2018].

Hesse, Wolfgang (1992): Walther and Angelina Hesse – Early Contributors to Bacteriology, (vom Deutschen ins Englische übersetzt von Dieter H. M. Gröschel). In: *ASM News*, Bd. 58, Nr. 8, 425–428.

Higdon R./ Earl RK./ Stanberry L./ Hudac CM./ Montague E./ Stewart E./ Janko I./ Choiniere J./ Broomall W./ Kolker N./ Bernier RA und Kolker E. (2015): The promise of multi-omics and clinical data integration to identify and target personalized healthcare approaches in autism spectrum disorders. In: *OMICS* 19(4),197–208, PubMed PMID: 25831060, [online] https://www.ncbi.nlm.nih.gov/pubmed/25831060 [10.06.2018].

Medical Research Council (1948): Streptomycin in Tuberculosis Trials Committee. Streptomycin treatment of pulmonary tuberculosis. In: *British Medical Journal* 2, S. 769–783.

Pharma Fakten (2018): Pharmaforschung: Der lange Weg der Arzneimittelentwicklung. [online] https://www.pharma-fakten.de/en/grafiken/detail/613-pharmaforschung-der-lange-weg-der-arzneimittelentwicklung/ [10.06.2018].

Schöneberg, Wilke, Klotz, Venzke und Wulff (2016): Branchenanalyse Laboranalytik: Wirtschaftliche Trends, Beschäftigungsentwicklung, Arbeits- und Gehaltsbedingungen. Study der Hans-Böckler-Stiftung, No. 342, ISBN 978-3-86593-250-1, Hans-Böckler-Stiftung, Düsseldorf [online] https://www.econstor.eu/bitstream/10419/148584/1/875256929.pdf [16.06.2018]

Suvarna, Viraj Ramesh (2018): Real world evidence (RWE) – Are we (RWE) ready?, [online] https://www.ncbi.nlm.nih.gov/pmc/articles/PMC5950611/ [10.06.2018].

Sonic Healthcare Germany: [online] https://www.sonichealthcare.de/%C3%BCber-uns/ [16.06.2018]

Verordnung (EU) 2017/746 des europäischen Parlaments und des Rates vom 5. April 2017 über In-vitro-Diagnostika und zur Aufhebung der Richtlinie 98/79/EG und des Beschlusses 2010/227/EU der Kommission, [online] https://eur-lex.europa.eu/legal-content/DE/TXT/PDF/?uri=CELEX:32017R0746&from=SL [16.06.2018].

Was ist Translationale Medizin? Zu Begriff, Geschichte und Epistemologie eines Forschungsparadigmas

Jon Leefmann

I. Einleitung

Die Begriffe „Translationale Medizin“ (TM) und „Translationale Forschung“ (TF)[1] sind seit circa 20 Jahren in den Biowissenschaften, der Public Health-Forschung und der Klinischen Medizin allgegenwärtig. Referenzen auf den Translationsbegriff erfolgen dabei häufig, um Forschungs- und Entwicklungsprozesse zu beschreiben, deren Ziel die Etablierung neuartiger, effektiver und effizienter medizinischer Anwendungen ist. TF wird dabei als neuer Lösungsansatz vorgestellt, der das angebliche Problem der fehlenden Integration von Wissensbeständen aus dem biowissenschaftlichen Bereich mit klinischem Wissen überwindet und so zu einer erfolgreichen Anwendung biologischer Grundlagenforschung in der Klinik beiträgt. In diesem Aufsatz diskutiere ich verschiedene Versuche, „Translationale Forschung“ zu definieren, und arbeite dabei einige Charakteristika des Translationsbegriffes heraus (Abschnitt 1). Die Schwierigkeit einer scharfen Abgrenzung von „Translationaler Forschung“ gegenüber Begriffen wie „Forschung und Entwicklung“ und anderen Bezeichnungen ähnlicher Forschungspraktiken nehme ich in Abschnitt 2 zum Anlass, die sozialen und innerwissenschaftlichen Voraussetzungen zu reflektieren, die die Entstehung des Begriffes ermöglicht haben. Dadurch wird die forschungspolitische Dimension des Begriffes verdeutlicht und seine Funktion als Bezeichnung für Reformprogramme verständlich gemacht, deren Ziel die Steigerung der Produktivität biomedizinischer Innovationsprozesse

1 Im Folgenden verwende ich beide Ausdrücke synonym. Zwar könnte man im Prinzip auch in Bezug auf nicht-medizinische Forschungsprozesse von Translation sprechen. Im Zusammenhang dieses Aufsatzes beschränke ich den Begriff der „Forschung“ aber auf den Kontext der für die Produktion medizinischer Anwendungen relevanten Forschung.

ist. Abschnitt 3 vervollständigt den Überblick, indem die epistemischen Ansprüche biologischer Grundlagenforschung, klinischer Forschung und TF verglichen werden. Dabei wird die besondere Schwierigkeit für die TF verdeutlicht, sich als hybrides Forschungsparadigma zwischen den entgegengesetzten Forschungsrichtungen der biomedizinischen Grundlagenforschung und der klinischen Forschung zu behaupten und die manchmal gegensätzlichen Interessen der beteiligten öffentlichen und kommerziellen Forschungspartner auszugleichen.

II. Was ist Translationale Medizin?

Versucht man die Frage genauer zu beantworten, worin die besonderen Merkmale der wissenschaftlichen Praktiken besteht, die mit den Begriffen „Translationale Medizin" oder „Translationale Forschung" angesprochen werden, wird man mit einigen bemerkenswerten Beobachtungen konfrontiert. Viele Autoren, die sich um eine Definition der Begriffe bemühen, greifen auf eine stark metaphorische Sprache zurück. Bei TF geht es darum, „Lücken zu schließen" (filling the gap) (Barrio et al. 2018) oder „Brücken zu überqueren" (walking the bridge between idea and cure) (Chabner et al. 1998) oder Wissen „vom Labortisch zum Krankenbett" (moving from bench to bediside and back) (Marincola 2003) zu bringen. Und wenn es darum geht, das metaphorische Tal des Todes („Valley of death") (Butler 2008) zu durchqueren, besteht fast immer die Gefahr, sich dabei zu verlaufen („Lost in Translation") (Fernandez-Moure 2016). Das Schlagwort „Translation" wird jedenfalls nicht wörtlich, im Sinne der Übersetzung von sprachlichen Bedeutungen verstanden, sondern offenbar eher als der Versuch, Verknüpfungen zwischen bisher voneinander getrennten Forschungsgebieten herzustellen. Viele dieser Metaphern im Umkreis des Translationsbegriffes legen zudem nahe, dass es eine konkrete Richtung im Forschungsprozess gibt, und verdeutlichen, dass in dessen Verlauf Hindernisse („roadblocks") (Zerhouni 2003) zu überwinden sind. Betrachtet man jenseits dieser Metaphorik konkrete Definitionsversuche der Begriffe „Translationale Forschung" und „Translationale Medizin", fallen dagegen große inhaltliche Unterschiede hinsichtlich des Forschungsgegenstandes und des Verständnisses des Forschungsprozesses auf. Laut einer frühen Definition, die von Broder und Cushing im Rahmen des SPORE-Programmes der amerikanischen National Cancer Initiative (NCI) vorgeschlagen wurde, geht es bei TF darum „[to move] knowledge about cancer in either direction, between findings at the laboratory bench and clinical observations at the bedside. Both preclinical and clinical research are translational if the specific goal is to move the fruits of basic knowledge closer to clinical application" (Broder und Cushing 1993). Während hier der Fokus vor allem auf der Zusammenführung von Wissen der molekularbiologischen Krebsforschung und Wissen aus präklinischen und klinischen medizinischen Studien liegt, verlegen andere Autoren den Schwerpunkt stärker auf die Entwicklung und Erforschung medikamentöser Therapien. So bestimmt Francesco Marincola, einer der Herausgeber des Journal of Translational Medicine, den Zweck von TF als „to test, in humans, novel therapeutic strategies developed through experimentation" und fügt hinzu: „Translational research should be regarded as a two-way road: Bench to Bedside and Bedside to Bench" (Marincola 2003). Die Pharmakologin Donna Johnstone versteht unter TF dagegen „the application of biomedical research (pre-clinical and clinical), conducted to support drug development, which aids in the identification of the appropriate patient for treatment (patient selection), the correct dose and schedule to be tested in the clinic (dosing regimen) and the best disease in which to test a potential agent (disease segment)" (Johnstone). Zudem findet sich der Begriff „Translationale Forschung" auch im Rahmen der Public Health-Forschung wieder. Hier wird er dazu benutzt, Prozesse zu beschreiben, die zur Implementierung von in klinischen Studien als wirksam und effizient ausgewiesenen Therapien in die klinische Praxis führen. Diesen Bereich schließt beispielsweise die Definition der NIH ein, in der es u.a. heißt: „[...] [t]he second area of translation concerns research aimed at enhancing the adoption of best practices in the community. Costeffectiveness of prevention and treatment strategies is also an important part of translational science." (National Institutes of Health (NIH) 2009). Wie die NIH unterscheiden auch andere Definitionen zwischen verschiedenen Schritten der „Translation" (Blümel et al. 2015). Eine etablierte Unterscheidung differenziert einen Prozess der Verknüpfung von Wissen aus biologischer Grundlagenforschung und klinischer Forschung (T1) und einen Prozess der Implementierung klinischer Forschungsergebnisse in die Praxis der Gesundheitsversorgung (T2) (Sung et al. 2003). Einige Definitionen unterscheiden feiner und führen drei (Dougherty und Conway 2008; Rubio et al. 2010) oder sogar vier (Harvard Catalyst) Translationsschritte ein. Je nach Modell vermitteln diese zwischen biologischer Grundlagenforschung und populationsbasierten Forschungsansätzen wie Epidemiologie und Medizinsoziologie (Rubio et al. 2010) oder zwischen den Erkenntnissen aus klinischen Phase-III-Studien und populationsbasierter Public Health-Forschung (Harvard Catalyst).

Teilweise finden sich auch Ansätze, die jenseits des Prozesses der Entwicklung medizinischer Anwendungen auf Grundlage von biologischen und klinischen Forschungsergebnissen den Prozess der Kommerzialisierung und marktgängigen Optimierung der Anwendungen als „Translation" bezeichnen (Littman et al. 2007; Fernandez-Moure 2016). Wohl auch aufgrund der disziplinübergreifenden Natur des angesprochenen Prozesses scheint die Vielfalt der in der Literatur verfügbaren Definitionen der Begriffe „Translationaler Forschung" bzw. „Translationaler Medizin" so groß zu sein, dass einige Autoren den Versuch einer kohärenten Definition im Sinne einer Angabe notwendiger und hinreichender Bedingungen als wenig zielführend betrachten (Butler 2008; Solomon 2015).

Trotz ihrer Unterschiedlichkeit ist die Stoßrichtung aller dieser Definitionen aber intuitiv einleuchtend. Ausdrücke wie „Translationale Forschung" und „Translationale Medizin" beziehen sich auf Prozesse, in deren Verlauf Wissenschaftlerinnen und Wissenschaftler gemeinsam bisher voneinander getrennte Erkenntnisse aus biologischer Grundlagenforschung, klinischen Studien und epidemiologischen und medizinsoziologischen Untersuchungen zum Wohle von Patienten und Allgemeinheit in klinische Anwendungen überführen und diese als Therapieangebote im Gesundheitssystem implementieren. Im Kern geht es bei TF daher um die Entwicklung innovativer medizinischer Behandlungsformen aus den jeweils aktuellen Erkenntnissen der biologischen Grundlagenforschung.

Zwischen welchen Bereichen medizinischer Forschungsaktivitäten dazu jeweils Erkenntnisse vermittelt werden sollen und ob die Vermittlung unidirektional von der biomedizinischen Grundlagenforschung zur klinischen Forschung und von dort weiter zur Epidemiologie, Medizinsoziologie und Public Health-Forschung verläuft, oder ob sie sich, wie einige Definitionen nahelegen, bi- oder multidirektional zwischen den verschiedenen Ebenen medizinischer Forschung hin- und her bewegt, variiert dagegen mit der Schwerpunktsetzung der einzelnen Autoren. Neuere systematische Analysen der Verwendung der Begriffe „Translationale Medizin" bzw. „Translationale Forschung" in aktuellen Forschungsarbeiten legen nahe, dass in der großen Mehrzahl der publizierten Studien der wesentliche Vermittlungsschritt zwischen der Ebene der biologischen Grundlagenforschung und klinischen Studien der Phase III angesiedelt wird und unidirektional von der Grundlagenforschung zur klinischen Forschung verläuft (van der Laan und Boenink 2015; Blümel et al. 2015). Obgleich bi- oder sogar multidirektionale Vermittlungsschritte eher den programmatischen Definitionen der NIH und anderer Wissenschaftsorganisationen entsprechen würden, scheinen sie in der Forschungspraxis also eine eher untergeordnete Rolle zu spielen. Insbesondere bei Forschenden aus der Pharmaindustrie, die mit den Innovationsmodellen der industriellen Forschung und Entwicklung vertraut sind, herrscht häufig ein unidirektionales bench-to-bedside-Verständnis des Translationaler Forschung vor (Mittra 2013).

Stellt man weniger auf die von vielen Autoren bemängelte Vieldeutigkeit und Inkohärenz der unterschiedlichen Definitionen ab (Mittra 2013; Solomon 2015), sondern orientiert sich an ihren Gemeinsamkeiten, dann stellt sich zunächst die Frage, in welchem Verhältnis die TF zu den Forschungspraktiken steht, die bereits vor der zunehmenden Verbreitung des Begriffes seit Beginn 2000er Jahre die Forschungspraxis in den Entwicklungsabteilungen der Pharmaindustrie bestimmten. Auch hier scheinen sich keine eindeutigen Unterscheidungen treffen zu lassen. Versteht man TF ganz allgemein als eine gemeinsame Anstrengung verschiedener Wissenschaftler_innen, Erkenntnisse der biologischen Grundlagenforschung in effektive medizinische Anwendungen zu überführen, dann unterscheidet sie sich nicht von früheren Formen medizinischer Forschung (Littman et al. 2007; Solomon 2015), deren Ziel spätestens seit Francis Bacon darin bestand, grundlegende wissenschaftliche Erkenntnisse für die Gesundheit des Menschen nutzbar zu machen. Zwar könnte man anführen, dass zumindest einige Ansätze der TF stärker auf die wechselseitige Durchdringung verschiedener Ebenen des Forschungsprozesses setzen, so dass Innovationen nicht immer von der Ebene der Grundlagenforschung ausgehen müssen. Stellt man dem allerdings entgegen, dass in vielen naturwissenschaftlichen Forschungsfeldern gerade die anwendungsorientierte Forschung immer wieder wichtige Impulse für die Grundlagenforschung gegeben hat (Carrier 2016), dann kann man eine Unterscheidung zwischen TF und „Forschung und Entwicklung“ nicht einfach an der Bidirektionalität Ersterer bzw. der Unidirektionalität Letzterer festmachen. Genauso wie in den Ingenieurwissenschaften das Scheitern technischer Lösungen neue Fragen für die Grundlagenforschung generieren kann, können auch in der TF konkrete Probleme bei der Anwendung neuer Therapeutika als Anreiz für eine bessere Aufklärung der molekularen Mechanismen der Wirkung des Medikamentes aufgefasst werden.

Diese starke Ähnlichkeit von TF und Forschung und Entwicklung legt zudem nahe, dass TF weder eindeutig als Anwendungsforschung noch eindeutig als Grundlagenforschung identifiziert werden kann. Vielmehr scheint der Prozess der TF diese Unterscheidung zu unterlaufen. TF ist keine Grundlagenforschung, weil sie von vorneherein auf die Entwicklung von medizinischen Anwendungen angelegt ist. Grundlagenforschung ist für TF nur insofern interessant, als sie die molekularen und physiologischen Mechanismen detailliert beschreiben kann, die im Zuge von TF manipuliert werden sollen. Umgekehrt und anders als die Anwendungsforschung kann TF aber auch nicht prinzipiell auf die Grundlagenforschung verzichten. Während die Entwicklung von Anwendungen im Prinzip auch ohne ein theoretisches Verständnis zugrunde liegender Mechanismen durch Versuch und Irrtum gelingen kann, ist für die TF die Anbindung an die breite Wissensbasis der Grundlagenforschung notwendig. Ansonsten könnte sie das Innovationspotential neuer wissenschaftlicher Erkenntnisse nicht voll ausschöpfen. Die Parallele zwischen TF und „Forschung und Entwicklung" stellt allerdings auch die Berechtigung des Begriffes „Translationale Forschung" infrage. Auch scheint die Abgrenzung zu anderen Typen medizinischer Forschung unscharf zu sein. Entsprechend merken Littman et al. an: „medical sciences have thrived in the past on the same premises [as translational research] under the umbrella of definitions such as pre-clinical research, clinical research, disease-targeted research, evidence-based research, etc." (Littman et al. 2007). Wenn sich der Begriff aber nicht nur nicht eindeutig definieren lässt, sondern darüber hinaus offenbar auch keine neue, bisher unbekannte Forschungspraxis beschreibt, worin besteht dann seine Berechtigung?

III. Translationale Medizin als forschungspolitisches Reformprogramm

Einen ersten Hinweis zur Beantwortung dieser Frage gibt eine Bedeutungsverschiebung des Adjektivs „translational" in medizinischen Kontexten. Erste Belege des Begriffes „translational" finden sich in diesem Zusammenhang seit Ende der 1970er Jahre im Bereich der Pflegewissenschaften (Johnson 1979; Mitchell 2004). Hier wird der Begriff im Sinne einer Implementierung wissenschaftlicher Forschungsergebnisse in die Pflegepraxis verstanden. Laut Mitchell hat sich der Begriff „Translation" in den 1980er und 1990er Jahren dann von dieser Bedeutung entkoppelt. Während der Prozess der Implementierung wissenschaftlicher Forschungsergebnisse in die Pflegepraxis vermehrt unter dem Begriff „Evidenzbasierte Praxis" diskutiert wurde, erfuhr der Begriff „Translationale Medizin" erst Anfang der 2000er Jahre eine Wiederbelebung unter neuen Vorzeichen (Mitchell 2004; van der Laan und Boenink 2015). Diese neuen Vorzeichen wurden zunächst in den USA im Rahmen nationaler Forschungsprogramme gesetzt, zu denen die bereits erwähnten Special Programmes of Research Excelence (SPORE), die in den 1990er Jahren Projekte in der Krebsforschung finanzierten, aber vor allem die sogenannte „Roadmap" der NIH aus dem Jahr 2003 zu rechnen sind (Zerhouni 2003). Während das erste Programm vor allem darum bemüht war, Erkenntnisse der molekular- und zellbiologischen Krebsforschung der therapeutischen Anwendung in der Klinik zugänglich zu machen, ging das Programm der NIH weit über diesen Kontext hinaus. Die NIH stellte im Zuge der zunehmenden Verbreitung der Biomarkerforschung in allen Bereichen der Medizin einige ihrer Initiativen und Instrumente zur Forschungsförderungen unter den ambitionierten Titel „Re-Engineering the clinical research enterprise" (Zerhouni 2003). In der Folge erhob sie TF zum neuen Paradigma medizinischer Forschung und etablierte endgültig die Verbindung der Begriffe „Translationale Medizin" und „Translationale Forschung" mit klinischen und (molekular-)biologischen Forschungsaktivitäten. Die Forderung, das gesamte System klinisch-medizinischer Forschung zu reformieren, wurde in den USA rasch aufgenommen – wie sich beispielsweise an der rasanten Steigerung der Nennung des Begriffes „Translationale Medizin" in Forschungsarbeiten zeigen lässt (van der Laan und Boenink 2015; Blümel et al. 2015) – und setzte sich nach und nach auch in Europa durch. Spätestens mit der Schaffung der European Advanced Translational Research Infrstructure (EATRIS), einem seit 2008 durch die EU finanzierten Netzwerk forschungsstarker medizinischer Fakultäten, Institute und Krankenhäuser, war TF auch in Europa als medizinisches Forschungsprogramm etabliert. Die Einführung und Verbreitung von Begriffen wie „Translationale Medizin" und „Translationaler Forschung" ging damit vornehmlich von der politischen Initiative zur Auflage neuer Forschungs- und Entwicklungsprogramme im medizinischen Bereich aus, so dass die Begriffe auch als Markenzeichen dieser neuen Forschungsförderungsinitiativen betrachtet werden können. Ein Teil des Erfolges der Begriffe liegt laut dem Wissenschaftssoziologen Étienne Vignola-Gangne daher nicht zuletzt in ihrer „availability as a rhetorical base to argue for a variety of propositions and projects to reform practices of biomedical innovation." (Vignola-Gagne 2014).

Die Entwicklungen, auf welche die Wissenschaftsorganisationen und Forschungsförderer mit Schlagworten wie „Translationale Medizin" und „Translationale Forschung" reagierten, sind vielschichtig. Ein wichtiger und besonders häufig genannter Grund für die Forderung nach einer Reorganisation medizinischer Forschungsprozesse lag in der Erkenntnis, dass die Entwicklung neuer medizinischer

Anwendungen aus dem Wissen der biologischen Grundlagenforschung weitaus komplizierter ist als angenommen. Neue Therapien entstehen nicht von alleine aus der Kenntnis molekularer oder physiologischer Mechanismen, nicht ohne die intensive Zusammenarbeit verschiedener wissenschaftlicher Experten und vor allem entstehen sie insgesamt viel zu selten (Maienschein et al. 2008). Diese Enttäuschung über die Effektivität von Forschung und Entwicklung lässt sich an mehreren Entwicklungen innerhalb der Scientific Community sowie im Verhältnis von Wissenschaft und Öffentlichkeit festmachen.

Um die Jahrtausendwende wurden Forschende und Forschungspolitiker gleichermaßen durch die Erkenntnis aufgerüttelt, dass die hohen finanziellen Investitionen in Grundlagenforschung und Produktentwicklung sich nicht in Fortschritten auf der Ebene der Therapieentwicklung auszahlten. Höchstens 25% der relevanten Entdeckungen der Grundlagenforschung wurden zu Beginn der 2000er Jahre zu medizinischen Anwendungen (Contopoulos-Ioannidis et al. 2003), weil die Mehrheit der zunächst aussichtsreichen Versuche, pathophysiologische Erkenntnisse aus in-vitro- oder Tierexperimenten auf den Menschen zu übertragen, spätestens in der Phase randomisierter klinischer Studien (in Phase II oder in Phase III) scheiterte. Und von den Entwicklungen, die bis in diese Phasen vordringen konnten, gelangten nur weniger als ein Zehntel tatsächlich bis in die klinische Anwendung (Kola und Landis 2004). Diese sogenannte „leaky pipeline" pharmaindustrieller Forschung und Entwicklung war um die Jahrtausendwende zwar gut bekannt, allerdings zeigten die Daten nun auch, dass sich an diesem Problem über die Jahre nichts geändert hatte (Duyk 2003). Von der Beschreibung eines pathophysiologischen Zusammenhangs bis zur Verfügbarkeit einer neuen medizinischen Anwendung in der Klinik dauerte es 1980 bis zu 20 Jahre. Um die Jahrtausendwende war die Entwicklungsgeschwindigkeit in etwa genauso groß (Contopoulos-Ioannidis et al. 2003).

Diese ernüchternden Zahlen wurden zumindest teilweise auf eine falsche Anreizstruktur der klinisch-medizinischen Forschung zurückgeführt (Blümel et al. 2015). Unter anderem eine besonders in der medizinischen Forschung verbreitete publish-or-perish-Mentalität und eine unzureichende Methodenkenntnis vieler klinischer Forscher begünstigte methodisch schlechte Studien und trug zu einer zunehmenden Produktion wertloser oder sogar falscher Forschungsergebnisse bei (Altman 1994; Chalmers et al. 2014). Noch im Jahr 2009 berechneten Chalmers und Glaziou, das bis zu 85% aller jährlich veröffentlichten klinischen Studien aufgrund verschiedener methodischer Mängel unbrauchbar sein könnten (Chalmers und Glasziou 2009).

Als weitere Ursache der „leaky pipeline" wurde aber auch die zunehmende Desintegration (molekular-)biologischer und klinischer Forschung identifiziert. Insbesondere die molekularbiologische Grundlagenforschung hatte in den 1990er Jahren unter anderem im Zuge des Human Genom Projektes (HGP) riesige Fortschritte gemacht, die eine hohe Spezialisierung der Forscher und einen hohen Zeitaufwand für die Forschungsarbeiten erforderte. Forschende Ärzte waren aufgrund ihrer zeitintensiven klinischen Tätigkeiten kaum in der Lage, mit den rasanten methodischen und wissenschaftlichen Fortschritten mitzuhalten. Die Trennung in biomedizinische Grundlagenforscher und klinische Forscher, die mit völlig verschiedenen Formen wissenschaftlicher Erklärung arbeiteten – individuelle, kausal-mechanistische Erklärungen in der Biologie; populationsbasierte statistisch-korrelative Erklärungen in der klinischen Forschung – wurde als hinderlich für die Entwicklung medizinischer Anwendungen erkannt (Vignola-Gagne 2014).

Aber auch Entwicklungen aufseiten der klinischen Forschung begünstigten die zunehmende Trennung von Grundlagenforschung und klinischer Forschung. Seit Mitte der 1990er hatte sich die Evidenzbasierte Medizin (EBM) als dominantes Paradigma der klinischen Erkenntnisgewinnung durchgesetzt. Die Fokussierung der EBM auf Therapie-Entscheidungen und die damit verbundene Hochschätzung von randomisierten klinischen Studien (RCT) und statistischer Evidenz gegenüber klinischer Beobachtungen und Einzelfallstudien sowie die aus Sicht der EBM geringe klinische Relevanz am (Tier-)Modell gewonnener mechanistischer Erklärungen trug ebenfalls wesentlich zur Entkoppelung beider Forschungsbereiche bei. Obgleich es aus Sicht der EBM gute Gründe gibt, in vitro oder im Tiermodell gewonnenen Erkenntnissen über pathophysiologische Mechanismen ein geringes Gewicht als Evidenz für klinische Entscheidungen zuzubilligen, wiesen Kritiker bereits Anfang der 2000er Jahre darauf hin, dass sich EBM aus wissenschaftstheoretischen Gründen nicht völlig von der biomedizinischen Grundlagenforschung abwenden sollte (Harari 2001; Ashcroft 2004). Ohne pathophysiologische Mechanismen sind keine Kausalitäten erklärbar. Deren Kenntnis ist aber notwendig, um auf Grundlage epidemiologischer Evidenzen überhaupt erst neue Therapien zu entwickeln. Eine klinische Forschung, die sich wie die EBM allein auf Korrelationen stützt und nicht in der Lage ist, eine Theorie über die tatsächlichen physiologischen Zusammenhänge im Menschen zu entwickeln, beraubt sich der Möglichkeit, Voraussagen zu machen und ein umfassendes Verständnis von den verschiedenen Krankheiten der Menschen – ihres eigentlichen Forschungsgegenstandes – zu entwickeln. Insofern deshalb mit der EBM alleine kein Fortschritt in der Entwicklung neuer Anwendungen möglich ist, kann das Aufkommen der Idee einer Translationalen Medizin auch als Versuch gesehen werden, die Einseitigkeit des EBM-Paradigmas und dessen inhärente Geringschätzung von Erkenntnismethoden wie klinischer Beobachtungen, Fallstudien oder Tiermodellen zu überwinden (Solomon 2011).

Zu diesen Entwicklungen innerhalb der Scientific Community kamen um die Jahrtausendwende gleichzeitig Erwartungen in Wissenschaft und Öffentlichkeit bezüglich des medizinischen Nutzens der Ergebnisse des HGP. Der Abschluss der Sequenzierung des Humangenoms, der im Jahr 2001 als Meilenstein der biomedizinischen Grundlagenforschung gefeiert wurde, beförderte verständlicherweise die Erwartung neuer therapeutischer Anwendungen. Der große Forschungsaufwand und die hohen Investitionen in das HGP von insgesamt 3 Milliarden US-Dollar waren unter anderem durch das Argument, bisher als unheilbare geltende Krankheiten heilen zu können, gerechtfertigt worden (Maienschein et al. 2008). Der Nutzen für die Allgemeinheit stand von Beginn an als praktische Erwartung hinter diesem Großprojekt der Grundlagenforschung. Die nun vorliegenden Ergebnisse bildeten einen wichtigen Anreiz, sich um die Schließung der sich auftuende „Lücke" zwischen Grundlagenforschung und klinischer Forschung zu bemühen und den hohen Aufwand des Projektes durch nützliche Produkte zu rechtfertigen. In dieser Erwartungshaltung, die weit über die Scientific Community hinausreichte, kam auch ein insgesamt gewandeltes Verhältnis zwischen Politik und Wissenschaft zum Ausdruck, das nicht nur durch Tendenzen hin zu einer stärkeren Kommerzialisierung und Demokratisierung der Wissenschaften geprägt war, sondern auch in neuen Formen der politischen Steuerung der Wissenschaften sichtbar wurde.

Von den 1950er bis in die 1970er Jahre hinein war staatlich finanzierte Forschung von wenigen Ausnahmen abgesehen vornehmlich Grundlagenforschung gewesen. Die geplante Entwicklung medizinischer und technischer Anwendungen überließ man dagegen weitestgehend der Industrie. Diese Aufteilung hatte weniger damit zu tun, dass staatliche Stellen medizinische und technische Innovationen für unwichtig hielten, sondern mit einer damals verbreiteten und für einige Jahre auch durchaus erfolgreichen Forschungsstrategie, die davon ausging, dass der beste Weg, gesellschaftlichen Nutzen in Form medizinischer oder technischer Neuerungen aus den Wissenschaften zu ziehen, in der primären Förderung der

Grundlagenforschung lag (Maienschein et al. 2008; Carrier 2016). Die Überlegung hinter dieser Strategie, die bereits 1945 im Bericht Vennevar Bushs an den damaligen US-Präsidenten Roosevelt mit dem Titel „Science the Endless Frontier" zum Ausdruck kommt, war, dass sich das Scheitern technischer Innovationen am besten durch mehr Grundlagenforschung vermeiden ließe (Bush 1945). Im Hintergrund dieses Vorschlags stand die Überlegung, dass sich die unvorhersehbaren praktischen Hürden bei der Entwicklung neuer Technologien am besten durch eine breite theoretische Wissensgrundlage minimieren ließen. Öffentliche Investitionen in die Grundlagenforschung sollten die Resultate anwendungsbezogener Forschung ermöglichen. Auf diese Weise kämen diese Investitionen der Öffentlichkeit indirekt in Form neuer Technologien zugute. Da die technologischen Entwicklungen somit eher als Nebenprodukte des wissenschaftlichen Fortschrittes wahrgenommen wurden, bedeutete dieses Modell für die Forscherinnen und Forscher eine relativ große Autonomie. Die Scientific Community konnte weitgehend frei von politischen Vorgaben entscheiden, welchen Themen sie sich widmen wollte, und eine kritische Öffentlichkeit, die aktiv Erfolge im Sinne nützlicher Anwendungen einforderte, existierte kaum.

Dies änderte sich ab den 1970er Jahren, als wissenschaftliche Forschung nicht mehr als unambivalent fortschrittlich erschien (Maienschein et al. 2008). Kernenergie, rekombinante DNS und Pestizide wurden von Teilen der Öffentlichkeit weniger als nützlicher wissenschaftlich-technischer Fortschritt, sondern als unerwünschte Probleme betrachtet. Auch die Klinische Forschung geriet durch äußerst fragwürdige Humanexperimente, die international u.a die akademische Etablierung der Medizinethik nach sich zogen, öffentlich in Misskredit. Forderungen zur stärkeren Regulierung wissenschaftlicher Unternehmungen fanden daher breiteren Rückhalt in der Öffentlichkeit. Neben dieser Skepsis gegenüber einer unregulierten Forschungsfreiheit trat ab den 1980er Jahren auch vermehrt Versuche verschiedener außerwissenschaftlicher Gruppen, Einfluss auf die Forschungsagenda der biomedizinischen Grundlagenforschung zu nehmen. Patientengruppen und Aktivisten begannen darauf hinzuweisen, dass Medikamente für eine Vielzahl schwerer Erkrankungen nicht zur Verfügung standen (Maienschein et al. 2008). Die staatlich finanzierte Grundlagenforschung fühlte sich für dieses Problem bis dahin nicht zuständig und die Industrie, die im Zuge der traditionellen Arbeitsteilung für die medizinischen und technischen Innovationen zuständig gewesen wäre, schreckte häufig vor Investitionen zurück, da entweder – wie im Fall seltener Erkrankungen – die Märkte für die zu entwickelnden Medikamente zu klein waren oder – wie im Fall von AIDS oder manchen Krebserkrankungen – die Entwicklungen als zu aufwendig, zu kostspielig oder zu komplex galten (Maienschein et al. 2008).

Diese Entwicklung führte insgesamt zu einer Verschiebung der Prioritäten. Nicht mehr der Grundlagenforschung, sondern der anwendungsbezogenen Forschung wurde nun von politischer Seite verstärkte Aufmerksamkeit zuteil. Forschungspolitiker begannen – häufig unterstütz von NGOs und Patientenorganisationen, die versuchten, den Bedarf nach neuen Therapieformen auf die forschungspolitischen Agenden zu bringen – stärker auf eine bedarfsgerechte Forschung zu setzen. Forschungspolitiker verlangten nun explizit von Wissenschaftler_innen, den absehbaren Nutzen ihrer Forschungsaktivitäten darzulegen und zuzusagen, die in sie investierten öffentlichen Mittel durch nützliche technische Anwendungen zurückzahlen zu können. Damit wurden vermehrt gesellschaftliche Wünsche an die Wissenschaft herangetragen. Wissenschaft soll erkennbar und messbar zur Lösung medizinischer Probleme beitragen – eine Forderung, die zumindest in der Community der biomedizinischen Forscher, in der eine gewisse moralische Motivation, mit der eigenen Forschung direkt zum gesellschaftlichen Nutzen beizutragen, ohnehin weit verbreitet ist, größtenteils auch als legitim wahrgenommen wurde (Maienschein et al. 2008).

Insgesamt kulminieren all diese Entwicklungen in der Identifikation einer konkreten Problemlage: „Schlechte Wissenschaft" und eine zunehmenden Entfremdung biomedizinischer und klinischer Forschung sind Teil der Ermöglichungsbedingungen der „leaky pipeline" der medizinischen Produktentwicklung. Gleichzeitig wirkt der zunehmend als legitim betrachtete und von Forschungspolitikern und Patientenorganisationen gleichermaßen unterstütze moralische Anspruch, dass biologische Grundlagenforschung immer auch einen direkten medizinischen Nutzen erzielen solle, als Ansporn für Reformen. Vor diesem Hintergrund wird verständlich, dass Begriffe wie „Translationale Forschung" und „Translationale Medizin" ihre Berechtigung nicht in erster Linie als Bezeichnungen einer neuen Forschungsmethodologie oder gar eines neuen Forschungsparadigmas beanspruchen, sondern vor allem als strategische Benennung für Reformprogramme zu verstehen sind, die auf die Bedingungen des Problems der „leaky pipeline" reagieren. Insofern ist Translationale Forschung wesentlich ein forschungspolitisches Programm mit dem Ziel, die Produktivität biomedizinischer Innovationsprozesse durch Reformen der Organisation von Forschung und Entwicklung zu steigern. Dieser Aspekt der Produktivitätssteigerung wird in manchen Defintionen Translationaler Forschung auch explizit in den Vordergrund gestellt. So schreiben Littman et al.: „[T]ranslational research (or translational medicine) represents a discipline that *increases the efficiency* of determining the relevance of novel discoveries in the biological sciences to human disease and helps clinical researchers identify, through direct human observation, alternative hypotheses relevant to human disease. A further goal is to *accelerate the rational transfer* of new insights and knowledge into clinical practice for improving patients' outcomes and public health." (Littman et al. 2007).[2]

IV. Methodische und infrastrukturelle Herausforderungen Translationaler Forschung

Entsprechend dieser Charakterisierung setzen Programme zur Etablierung Translationaler Forschung einerseits auf die Förderung biomedizinischer Forschungsvorhaben, die sich der problematischen Dichotomie zwischen biologischer Grundlagenforschung und klinischen Studien widersetzen, und andererseits auf Reformen an den Forschungsinfrastrukturen und in der Ausbildung des wissenschaftlichen Nachwuchses.

Für die TF stellt sich aus methodischer Sicht die besondere Herausforderung, dass sie sich einerseits teilweise der Forschungslogik der molekularbiologischen Grundlagenforschung entzieht, andererseits aber auch nicht mit denselben Ansprüchen an klinische Evidenz aufwarten kann, wie sie die EBM an klinische Phase-III-Studien stellt. Ein Problem von Forschungsprojekten, die anstreben, die „Lücke" zwischen diesen etablierten Forschungsebenen zu schließen, ist daher, dass sie weder den methodischen Standards der biologischen Grundlagenforschung noch denen randomisierter klinischer Studien gerecht werden können (Solomon 2015). Während das Erkenntnisinteresse in der Grundlagenforschung vor allem an einer möglichst umfassenden und differenzierten Beschreibung biologischer Strukturen und Mechanismen ausgerichtet ist und daher immer auf die Steigerung der Komplexität der erkannten Zusammenhänge abzielt, ist für die Initiierung translationaler Forschungsprozesse ein umfassendes Verständnis der Komplexität biologischer Mechanismen nur selten zielführend. Die Kenntnis biologischer Mechanismen ist zwar von Interesse, allerdings nur insofern, als dadurch

2 Meine Hervorhebungen (J.L.).

eine medizinisch wirksame Manipulation ermöglicht wird. Nicht zuletzt deshalb verweisen Vertreter der TM häufig darauf, dass nicht alle auf molekularer Ebene untersuchten Prozesse klinisch relevant sind und für translationale Forschungsprojekte in Frage kommen (Nussenblatt et al. 2010). Eine zu einseitige Ausrichtung an der biomedizinischen Grundlagenforschung verleite zudem leicht dazu, Krankheitsmodelle ohne ausreichende Rückbindung an klinische Beobachtungen am Patienten zu entwickeln und führe letztlich dazu, dass zu viel Forschungsaktivität für die Arbeit in Tiermodellen aufgewendet werde, die die Krankheitsmechanismen im menschlichen Körper nur unzureichend repräsentieren (Marincola 2011). Um „translational" zu werden, so eine Forderung, muss sich Grundlagenforschung an pathologischen Mechanismen von Anfang an durch klinische Beobachtungen leiten lassen.[3] Diese Schwerpunktsetzung auf der Entdeckung konkreter, manipulierbarer Ansatzpunkte in biologischen Prozessen harmoniert allerdings schlecht mit der Vorgehensweise in der Grundlagenforschung. Denn diese ist vornehmlich an wissenschaftlichen Begründungszusammenhängen interessiert. Der methodische Schwerpunkt der Grundlagenforschung liegt auf der Konstruktion von Experimenten, mit deren Hilfe aus Hypothesen gewonnenen Vorhersagen getestet werden sollen. Ein erfolgreicher Test liefert dann Gründe für die Annahme oder Ablehnung der Hypothese. Der methodische Schwerpunkt der TF liegt dagegen auf der Entdeckung neuer Möglichkeiten zur Manipulation pathologischer Prozesse in biologischen Systemen und steht damit den im Forschungsprozess erzielten Resultaten nicht neutral gegenüber. Weil nicht die Begründung von Hypothesen, sondern die Identifikation von Interventionsmöglichkeiten im Mittelpunkt steht, verfährt die Translationsforschung vergleichsweise unsystematisch. Identifiziert man einen geeigneten Ansatzpunkt für eine therapeutische Intervention und erzielt diese Intervention im Rahmen eines biologischen Testsystems den gewünschten Effekt, geht man dem in Studien in vitro oder am Tiermodell und später auch am Menschen genauer nach, ohne allerdings notwendigerweise von Beginn an systematisch zu untersuchen, ob der Effekt auch noch auf andere, möglicherweise schonendere oder effizientere Weise hätte erzielt werden können (Solomon 2015). Während einige Medizintheoretiker dieses pragmatische und unsystematische Ausprobieren von Ansatzpunkten für Interventionsmöglichkeiten für ein grundlegendes Merkmal der TF halten (Solomon 2015), wird es innerhalb der

3 Genau dies wird mit dem Konzept der „bedside-to-bench-translation" angesprochen (Marincola 2003, 2011).

TM zum Teil in Frage gestellt. So fordert beispielsweise der Pharmakologe Martin Wehling seit Längerem, der TM einen „scientific backbone" zu verleihen (Wehling 2008). Dazu schlägt er vor, das Potential von Interventionen im Hinblick auf ihre Translatierbarkeit in den menschlichen Organismus zu validieren, bevor weitere Stufen im Translationsprozess durchlaufen und, vor allem, bevor teure und aufwändige klinische Studien durchgeführt werden (Wehling 2006, 2009). Dazu sollen Experten möglichst frühzeitig eine möglichst genaue Einschätzung abgeben, welche der in vitro oder im Tiermodell identifizierten Biomarker am wahrscheinlichsten genaue, reproduzierbare und praktisch nachweisbare Resultate in menschlichen Versuchspersonen erzielen könnten (Wehling 2008, 2009). Anstatt nach Versuch und Irrtum zu verfahren und dadurch Zeit- und Geldressourcen zu verschwenden, solle TF sich auf die jeweils am besten bewerteten Biomarker konzentrieren. Allerdings setzt eine evidenzbasierte Validierung von Biomarkern umfangreiche Kenntnisse über deren physiologische Rolle in verschiedenen Modellsystemen und im Menschen sowie über ihre Messbarkeit als stellvertretende Endpunkte (surrogate endpoints) in klinischen Studien voraus. Nach diesem Modell würde ein wesentlicher Teil der TF in der Beschaffung der zur Bewertung von bereits identifizierten Biomarkern notwendigen Daten bestehen. Auch hier bleibt das für TF leitende Erkenntnisinteresse im Vergleich zu dem der Grundlagenforschung auf einen engen Bereich eingeschränkt. Schon deshalb sollte TF nicht an den Standards der Grundlagenforschung gemessen werden.

Ähnliches gilt auch für das Verhältnis der Translationalen Forschung zum Goldstandard der Klinischen Forschung, den randomisierten Doppelblindstudien (RCTs) der Phase III. Diese an sehr großen Patientengruppen durchgeführten Studien zum Vergleich von neuen mit konventionellen bzw. placebo-Therapien gelten im Rahmen der Evidence Based Medicine als stärkste wissenschaftliche Evidenz bei Therapieentscheidungen. Translationsforscher warnen allerdings aus den oben genannten Gründen beständig davor, zu schnell Anreizen nachzugeben, neue Ideen für Therapien in klinischen Studien der Phase III zu testen (Marincola 2011). In Bezug auf die klinische Forschung liegt das besondere Augenmerk der TF daher auf früheren Stufen des klinischen Forschungsprozesses, in denen es in erster Linie darum geht, Ansatzpunkte für mögliche Therapien im Menschen zu identifizieren. Diese klinischen Studien der Phasen I und II sind allerdings explorativ und unterliegen wegen der potentiellen Risiken für die Studienteilnehmer einer starken ethischen und rechtlichen Regulierung (Blasius 2014). Da diese Studien entsprechend nur an vergleichsweise kleinen und häufig auch besonders vulnerablen Personengruppen durchgeführt werden können und da das EBM-Paradigma auf der Hochschätzung statistischer Evidenz beruht, ist ein für die Zulassung als Therapieverfahren notwenigen Grat der Verlässlichkeit für Studien der Phasen I und II nahezu unerreichbar. Gleichzeitig haben diese Studien aber den Vorteil, die aus in der Forschung an grundlegenden biologischen Mechanismen identifizierten Ansatzpunkte für Therapien in einer relevanten Umgebung zu testen und dadurch die Basis für erfolgreiche Phase-III-Studien erst zu legen, d.h. bench-to-bedside-translation überhaupt erst zu ermöglichen. Methodisch bewertet die TF daher Studien der Phasen I und II, die im Bereich zwischen biologischer Grundlagenforschung und klinischer Forschung liegen, besonders hoch.

Angesichts dieser Zwischenposition der TF ist es nicht verwunderlich, dass ein wichtiger Baustein zu ihrer Förderung häufig darin gesehen wird, Anreizstrukturen in der Grundlagenforschung und der klinischer Forschung aufzubrechen, die eine stärkere Fokussierung auf Studien der Phasen I und II verhindern. Beispielsweise war es ein erklärtes Ziel der Etablierung von Fachzeitschriften wie dem Journal of Translational Medicine, medizinische Forschungen zu publizieren, die den Bereich zwischen Grundlagenforschung und klinischer Anwendung ausloten und die aufgrund der damit verbundenen methodischen Einschränkungen in etablierten medizinischen Fachzeitschriften nicht hätten erscheinen können (Marincola 2003). Dies schließt auch die Forderung ein, die Publikation gescheiterter klinischer Studien zu fördern, um einen Rückfluss von Information an die Grundlagenforscher (die bedside-to-bench-translation) zu ermöglichen.

Das Ziel einer Verbesserung des Informationsflusses zwischen den verschiedenen Ebenen der Translationalen Forschung bedingt auch Forderungen nach infrastrukturellen Veränderungen. Am offensichtlichsten ist dabei die Strategie, die enge Vernetzung von Instituten und Arbeitsgruppen der biomedizinischen Grundlagenforschung mit klinischen Forschergruppen zu fördern. Um Kooperationen zu verbessern, sind in vielen Staaten bereits Zentren für Translationale Forschung entstanden, die Grundlagenforscher und klinische Forscher auch räumlich „unter einem Dach" zusammenbringen.[4] Zudem wird in Publikationen zur TM häufig eine Reform der universitären Ausbildung angemahnt. Studiengänge und

4 Spezielle Strukturen in Deutschland bieten vor allem die Universitäten und Forschungseinrichtungen, die im Deutschen Konsortium für Translationale Krebsforschung (DKTK) organisiert sind, insbesondere das Deutsche Krebsforschungszentrum (DKFZ), die Charité und die Universitäten in München (LMU und TU) und Heidelberg (Blümel et al. 2015). In der Arzneimittelentwicklung ist vor allem das auf Kooperationen mit Partnern

Promotionsprogramme sollten stärker interdisziplinär ausgerichtet werden und sicherstellen, dass die Absolventen sowohl die Methoden der biomedizinischen Grundlagenforschung als auch die Verfahrensweise in klinischen Studien kennen und beherrschen (Zerhouni 2003; Rubio et al. 2010). Zudem soll die Förderung interdisziplinärer Forschung auch durch die Beseitigung bestehender Hürden in der Forschungsförderung – z.B. durch eine verstärkte Kooperation staatlicher Forschungsinstitutionen mit der pharmazeutischen Industrie in bestimmten Phasen des Translationsprozesses (Zerhouni 2003; Littman et al. 2007) – sowie rechtlicher Beschränkungen bei der Zulassung und Prüfung der Produkte erfolgen. Diese strukturellen Veränderungen führen allerdings auch dazu, dass in der TF Ergebniserwartungen und Interessen der medizinischen Industrie eine viel stärkere Rolle spielen als in anderen Organisationsformen biomedizinischer Forschung (Maienschein et al. 2008). Sowohl in epistemologischer als auch in forschungsethischer Hinsicht steht die TF vor Problemen, die teilweise aus anderen Bereichen kommerzieller oder anwendungsorientierter Forschung bekannt sind (Carrier 2013): Wie kann die biomedizinische Forschung ihre Forschungsfreiheit bewahren und einseitige, an wirtschaftlichen Interessen ausgerichtete Forschungsagenden vermeiden, wenn bereits auf dieser frühen Ebene translationaler Forschung die Orientierung an verwertbaren Resultaten eingefordert wird? Wie kann eine solchen Einseitigkeiten entgegenwirkende Pluralität von Forschungsansätzen ermöglicht werden, wenn ein wesentliches Motiv translationaler Forschungsprogramme die Beschleunigung der Entwicklungsprozesse medizinischer Anwendungen ist? Wie können Uneigennützigkeit und Unparteilichkeit translationaler Forschungsprogramme gewährleistet werden, wenn zu ihrer Realisierung enge Kooperationen mit kommerziell orientierten Industriepartnern eingegangen werden müssen? Wie kann unter den Bedingungen einer teilweise von wirtschaftlichen Interessen geleiteten Forschung die notwendige Offenheit und allgemeine Zugänglichkeit von Daten und Forschungsergebnissen sichergestellt werden, ohne die TF nicht gelingen kann? Und wessen Interessen bestimmen schlussendlich, auf welche Krankheiten sich Projekte zur TF vorrangig richten sollten?

---

in der Pharmaindustrie ausgerichtete Lead Discovery Center (LDC) der Max-Planck-Innovation in Dortmund zu nennen (Loos et al. 2014, S.135).

V. Fazit

„Translationale Forschung" und „Translationale Medizin" sind Begriffe, die weniger als Bezeichnung eines konkreten und abgrenzbaren Forschungsfeldes fungieren, sondern als programmatische Bezeichnung für Aktivitäten zur Förderung der Produktivität von Innovationsprozessen in der medizinischen Forschung. Diese Programme zielen auf die bis Anfang der 2000er Jahre stark vernachlässigte Forschungsebene, die zwischen medizinischer Grundlagenforschung und klinischer Forschung liegt (und in einem geringeren Maße auch auf die Ebene zwischen klinischer Forschung und Public Health). Dieses Engagement erscheint aus mehreren Gründen notwendig: Erstens haben Entwicklungen innerhalb der biomedizinischen und der klinischen Forschung zu einer verstärkten Abgrenzung der Felder untereinander geführt und so den Wissenstransfer zwischen beiden Seiten behindert. Dies hat, zweitens, zu einer Stagnation in der Entwicklung neuer medizinischer Anwendungen und zu vielen gescheiterten Versuchen in der Produktentwicklung beigetragen. Drittens hat die Erwartungshaltung innerhalb wie außerhalb der Wissenschaften gegenüber der medizinischen Verwertbarkeit der Grundlagenforschung zugenommen. Die Herausforderungen translationaler Forschungsprojekte besteht in methodischer Hinsicht vor allem darin, Verfahren zu entwickeln, die Translatierbarkeit einer in vitro oder im Tiermodell identifizierten Intervention in den Kontext des kranken menschlichen Organismus vorauszusagen. Damit besteht der Zweck der TF in erster Linie darin, effiziente und gangbare Wege zur Etablierung neuer Therapien aufzuzeigen und nicht darin, wie die Grundlagenforschung deskriptive Hypothesen zu testen oder wie klinische Studien Evidenzen für Therapie-Entscheidungen zu liefern. Die für dieses Ziel erforderlichen Organisationsformen biomedizinischer Forschung sind interdisziplinär und vernetzen häufig öffentliche und kommerziell orientierte Forschungsprojekte. Daher stellen sich neben der epistemologischen Frage nach der spezifischen Form des Erkenntnisgewinns in der TF auch wichtige forschungsethische Fragen.

Literatur

Altman, Douglas G. (1994): The scandal of poor medical research. In: *BMJ* 308 (6924), S. 283–284. DOI: 10.1136/bmj.308.6924.283.

Ashcroft, Richard E. (2004): Current epistemological problems in evidence based medicine. In: *Journal of Medical Ethics* 30 (2), S. 131–135. DOI: 10.1136/jme.2003.007039.

Barrio, Pablo; Teixidor, Lídia; Ortega, Lluisa; Lligoña, Anna; Rico, Nayra; Bedini, José Luis et al. (2018): Filling the gap between lab and clinical impact. An open randomized diagnostic trial comparing urinary ethylglucuronide and ethanol in alcohol dependent outpatients. In: *Drug and Alcohol Dependence* 183, S. 225–230. DOI: 10.1016/j.drugalcdep.2017.11.015.

Blasius, Helga (2014): Arzneimittelentwicklung. Präklinische und klinische Prüfung (Teil 1). In: *Deutsche Apotheker Zeitung* 22, S. 56. Online verfügbar unter https://www.deutsche-apotheker-zeitung.de/daz-az/2014/daz-22-2014/arzneimittelentwicklung.

Blümel, Clemens; Gauch, Stephan; Hendricks, Barbara; Krüger, Anne K.; Reinhart, Martin (2015): In Search of Translational Research. Report on the Development and Current Understanding of a New Terminology in Medical Research and Practice. Institute of Research Information and Quality Assurance (iFQ); Berlin Institute of Health (BIH). Berlin (iFQ-BIH-Report, January 2015). Online verfügbar unter https://www.bihealth.org/uploads/pics/iFQ-BIH-Report_2015_web_03.pdf, zuletzt geprüft am 15.04.2017.

Broder, Samuel; Cushing, Mary (1993): Trends in Program Project Grant Funding at the National Cancer Institute. In: *Cancer Research* 53 (2), S. 477–484.

Bush, Vannevar (1945): Science The Endless Frontier. A Report to the President by Vannevar Bush, Director of the Office of Scientific Research and Development, July 1945. United States Government Printing Office. Washington D.C. Online verfügbar unter https://www.nsf.gov/od/lpa/nsf50/vbush1945.htm, zuletzt geprüft am 15.04.2018.

Butler, Declan (2008): Translational research. Crossing the valley of death. In: *Nature* 453 (7197), S. 840–842. DOI: 10.1038/453840a.

Carrier, Martin (2013): Wissenschaft im Griff der Wirtschaft. Auswirkungen kommerzialisierter Forschung auf Erkenntnisgewinnung. In: Gerhard Schurz und Martin Carrier (Hg.): *Werte in den Wissenschaften. Neue Ansätze zum Werturteilsstreit.* 1. Aufl. Berlin: Suhrkamp (Suhrkamp-Taschenbuch Wissenschaft 2062), S. 374–396.

Carrier, Martin (2016): Zum Verhältnis von Anwendungs- und Grundlagenforschung. In: Franz Gustav Kollmann und Martin Carrier (Hg.): *Zum Verhältnis von Grundlagen- und Anwendungsforschung. Beiträge des Symposiums vom 5. Februar 2015 in der Akademie der Wissenschaften und der Literatur, Mainz.* Mainz, Stuttgart: Akademie der Wissenschaften und der Literatur; Franz Steiner Verlag (Abhandlungen der geistes- und sozialwissenschaftlichen Klasse / Akademie der Wissenschaften und der Literatur, Jahrgang 2016, Nr. 5), S. 7–17.

Chabner, Bruce A.; Boral, Anthony L.; Multani, Pratik (1998): Translational Research: Walking the bridge between idea and cure. Seventeeth Bruce F. Cain Memorial Award Lecture. In: *Cancer Research* 58, S. 4211–4216.

Chalmers, Iain; Bracken, Michael B.; Djulbegovic, Ben; Garattini, Silvio; Grant, Jonathan; Gülmezoglu, A. Metin et al. (2014): How to increase value and reduce waste when research priorities are set. In: *The Lancet* 383 (9912), S. 156–165. DOI: 10.1016/S0140-6736(13)62229-1.

Chalmers, Iain; Glasziou, Paul (2009): Avoidable waste in the production and reporting of research evidence. In: *The Lancet* 374 (9683), S. 86–89. DOI: 10.1016/S0140-6736(09)60329-9.

Contopoulos-Ioannidis, Despina G.; Ntzani, Evangelia E.; Ioannidis, John P.A. (2003): Translation of highly promising basic science research into clinical applications. In: *The American Journal of Medicine* 114 (6), S. 477–484. DOI: 10.1016/S0002-9343(03)00013-5.

Dougherty, Denise; Conway, Patrick H. (2008): The „3T's" road map to transform US health care. The „how" of high-quality care. In: *JAMA* 299 (19), S. 2319–2321. DOI: 10.1001/jama.299.19.2319.

Duyk, Geoffrey (2003): Attrition and translation. In: *Science* 302 (5645), S. 603–605. DOI: 10.1126/science.1090521.

Fernandez-Moure, Joseph S. (2016): Lost in Translation. The Gap in Scientific Advancements and Clinical Application. In: *Frontiers in Bioengineering and Biotechnology* 4, S. 43. DOI: 10.3389/fbioe.2016.00043.

Harari, Edwin (2001): Whose evidence? Lessons from the philosophy of science and the epistemology of medicine. In: *Australian and New Zealand Journal of Psychiatry* (35), S. 724–730.

Harvard Catalyst | The Harvard Clinical and Translational Science Center: Pathfinder. Online verfügbar unter https://catalyst.harvard.edu/pathfinder/, zuletzt geprüft am 15.04.2018.

Johnson, Jean E. (1979): Translating research to practice. In: *American Nurses Association* (G-135), S. 125–133.

Johnstone, Donna: Translational Science - A sexy title for pre-clinical an clinical Pharmacology. In: *pA2 online* 4 (2). Online verfügbar unter http://www.pa2online.org/articles/article.jsp?article=54.

Kola, Ismail; Landis, John (2004): Can the pharmaceutical industry reduce attrition rates? In: *Nature reviews. Drug discovery* 3 (8), S. 711–715. DOI: 10.1038/nrd1470.

Littman, Bruce H.; Di Mario, Linda; Plebani, Mario; Marincola, Francesco M. (2007): What's next in translational medicine? In: *Clinical Science* (London, England : 1979) 112 (4), S. 217–227. DOI: 10.1042/CS20060108.

Loos, Stefan; Albrecht, Martin; Sander, Monika; Schliwen, Anke (2014): *Forschung und Innovation in der Universitätsmedizin (Studien zum deutschen Innovationssystem, 7-2014)*. Online verfügbar unter http://hdl.handle.net/10419/156602.

Maienschein, Jane; Sunderland, Mary; Ankeny, Rachel A.; Robert, Jason Scott (2008): The ethos and ethics of translational research. In: *The American Journal of Bioethics: AJOB* 8 (3), S. 43–51. DOI: 10.1080/15265160802109314.

Marincola, Francesco M. (2003): Translational Medicine: A two-way road. In: *Journal of Translational Medicine* 1 (1), S. 1–2.

Marincola, Francesco M. (2011): The trouble with translational medicine. In: *Journal of Internal Medicine* 270 (2), S. 123–127. DOI: 10.1111/j.1365-2796.2011.02402.x.

Mitchell, Pamela H. (2004): Lost in translation? In: *Journal of Professional Nursing* 20 (4), S. 214–215. DOI: 10.1016/j.profnurs.2004.06.002.

Mittra, James (2013): Repairing the 'Broken Middle' of the Health Innovation Pathway. Exploring Diverse Practitioner Perspectives on the Emergence and Role of 'Translational Medicine'. In: *Science and Technology Studies* 26 (3), S. 103–129.

National Institutes of Health (NIH) (2009): Institutional Clinical and Translational Science Award (U54). RFARM- 07-007. Part II - Full Text of Announcement; Section I. Funding Opportunity Description; 1. Research Objectives. Online verfügbar unter https://grants.nih.gov/grants/guide/rfa-files/RFA-RM-07-007.html, zuletzt geprüft am 16.04.2018.

Nussenblatt, Robert B.; Marincola, Francesco M.; Schechter, Alan N. (2010): Translational medicine - doing it backwards. In: *Journal of Translational Medicine* 8, S. 12. DOI: 10.1186/1479-5876-8-12.

Rubio, Doris McGartland; Schoenbaum, Ellie E.; Lee, Linda S.; Schteingart, David E.; Marantz, Paul R.; Anderson, Karl E. et al. (2010): Defining Translational Research. Implications for Training. In: *Academic Medicine* 85 (3), S. 470–474.

Solomon, Miriam (2011): Just a paradigm. Evidence-based medicine in epistemological context. In: *European Journal of Philosophy of Science* 1 (3), S. 451–466. DOI: 10.1007/s13194-011-0034-6.

Solomon, Miriam (2015): *Making medical knowledge*. Oxford: Oxford Univ. Press.

Sung, Nancy S.; Crowley, William F.; Genel, Myron (2003): Central Challenges Facing the National Clinical Research Enterprise. In: *JAMA* 289 (10), S. 1278. DOI: 10.1001/jama.289.10.1278.

van der Laan, Anna Laura; Boenink, Marianne (2015): Beyond bench and bedside. Disentangling the concept of translational research. In: *Health Care Analysis : HCA : Journal of Health Philosophy and Policy* 23 (1), S. 32–49. DOI: 10.1007/s10728-012-0236-x.

Vignola-Gagne, Etienne (2014): Argumentative practices in science, technology and innovation policy. The case of clinician-scientists and translational research. In: *Science and Public Policy* 41 (1), S. 94–106. DOI: 10.1093/scipol/sct039.

Wehling, Martin (2006): Translational medicine. Can it really facilitate the transition of research „from bench to bedside"? In: *European Journal of Clinical Pharmacology* 62 (2), S. 91–95. DOI: 10.1007/s00228-005-0060-4.

Wehling, Martin (2008): Translational medicine. Science or wishful thinking? In: *Journal of Translational Medicine* 6, S. 31. DOI: 10.1186/1479-5876-6-31.

Wehling, Martin (2009): Assessing the translatability of drug projects. What needs to be scored to predict success? In: *Nature reviews. Drug discovery* 8 (7), S. 541–546. DOI: 10.1038/nrd2898.

Zerhouni, Elias (2003): Medicine. The NIH Roadmap. In: *Science* 302 (5642), S. 63–72. DOI: 10.1126/science.1091867.

Zu den Autorinnen und Autoren

Dr. Dominic Docter promovierte 2014 im Fach Biologie an der Universität Mainz und leitet seitdem die Nachwuchsgruppe für Nanobiomedizin an der Universitätsmedizin Mainz. Die Gruppe untersucht das Potential synthetischer Nanopartikel für die Entwicklung bzw. die Verbesserung (neuer) biomedizinischer und biotechnologischer Anwendungen im Gebiet der Medizin. Er war von 2016 bis 2018 Sprecher der Jungen Akademie | Mainz.

Prof. Dr. Jakob von Engelhardt studierte Humanmedizin in Marburg und wurde dort 2001 promoviert. Nach Forschungsaufenthalten in der klinischen Neurobiologie in Heidelberg, Oregon und Paris wurde er Gruppenleiter am DZNE und DKFZ in Heidelberg. Seit 2017 leitet er das Institut für Pathophysiologie der Johannes Gutenberg-Universität Mainz und forscht an der Rolle von Glutamatrezeptoren in degenerativen Erkrankungen sowie Ursachen seltener genetischer Erkrankungen.

Sandra Gilbert studierte Biologie (Clinical Research) an der Donau-Universität Krems. Sie ist aktuell Team-Leaderin für Clinic Trials bei Bioscientia in Ingelheim.

Prof. Dr. Wolfgang Hoffmann studierte Medizin in Bonn und Göttingen und wurde 1993 in Marburg promoviert. Er ist Geschäftsführender Direktor am Institut für Community Medicine der Universitätsmedizin Greifswald in der Abteilung Versorgungsepidemiologie und Community Health. Außerdem ist er Gruppenleiter im Bereich Translationale Versorgungsforschung am Deutschen Zentrum für Neurodegenerative Erkrankungen. Zu den Schwerpunkten seiner Arbeit zählt die Versorgungsepidemologie und die Epidemologie chronischer Erkrankungen.

Prof. Dr. Wolfgang Kaminski studierte Medizin an der LMU in München und wurde 1993 am Münchener Max-von-Pettenkofer-Institut promoviert. Nach mehreren Stationen in den USA, Regensburg und Heidelberg ist er seit 2013

Ärztlicher Leiter im Zentrum für Humangenetik der Bioscientia in Ingelheim. Seine medizinischen Schwerpunkte sind die Hämatologie, Atherosklerose-Forschung und Molekulare Immunologie.

Dr. Jon Leefmann studierte Biologie und Philosophie in Tübingen, Heidelberg und Pavia und promovierte im DFG-GraKo ›Bioethik‹ an der Universität Tübingen. Nach Stationen als wissenschaftlicher Mitarbeiter an der Johannes Gutenberg-Universität Mainz und am Institut für Ethik und Geschichte der Medizin der Universitätsmedizin Göttingen forscht er derzeit am Zentralinstitut für Wissenschaftsreflexion und Schlüsselqualifikationen der Friedrich-Alexander-Universität Erlangen-Nürnberg zum Thema ›Wissen durch Vertrauen? Zur Epistemologie der Zeugnisse wissenschaftlicher Experten‹.

Dr. Kristina Lippmann studierte Humanmedizin an der Universität Leipzig und wurde 2016 an der Charité Berlin im Fach Neurophysiologie promoviert. Seit 2015 ist sie wissenschaftliche Mitarbeiterin in der Neurophysiologie der Universität Leipzig und forscht im Bereich der synaptischen Transmission und der Epileptogenese. 2017 war sie Grass Fellow am Marine Biological Laboratory in Woods Hole, Massachusetts, USA.

Dr. Bernhard Michalowsky studierte an der Universität Greifswald Betriebswirtschaftslehre und wurde 2016 an der Rechts- und Wirtschaftswissenschaftlichen Fakultät der Ernst-Moritz-Arndt Universität in Greifswald promoviert. Nach einem Aufenthalt an der McMaster University in Hamilton, Kanada, ist er aktuell Mitglied der Arbeitsgruppe „Translationale Versorgungsforschung" des Deutschen Zentrums für Neurodegenerative Erkrankungen in Greifswald. Seine Forschungsschwerpunkte liegen im Bereich der Kosten-Effektivitäts-Analysen von innovativen Versorgungsmodellen, patientenbezogenen Outcomes und Methoden gesundheitsökonomischer Evaluationen.

PD Dr. med. Matthias Perleth studierte Humanmedizin und Public Health und habilitierte 2002 an der Medizinischen Hochschule Hannover. Seit 2003 ist er Privatdozent an der Technischen Universität Berlin und seit 2007 Leiter der Abteilung Fachberatung Medizin in der Geschäftsstelle des G-BA. Er ist Vorsitzender des Vereins zur Förderung der Technologiebewertung im Gesundheitswesen e.V.

Laura Ranzenberger ist Referentin für Marketing und Kommunikation bei Bioscientia. Sie hat in Mainz Soziologie und Geschichte studiert.

Dr. Mathias Vormehr studierte Biomedizinische Chemie an der Johannes Gutenberg-Universität Mainz und dem DKFZ in Heidelberg. Er wurde 2016 im Fach Immunologie an der Universität Mainz promoviert. Aktuell arbeitet er im Bereich präklinischer Arzneimittelentwicklung bei der BioNTech AG in Mainz.

Prof. Dr. Michel Wensing ist seit 2015 Professor und Studiengangsleiter für Versorgungsforschung und Implementierungswissenschaften im Gesundheitswesen am Universitätsklinikum Heidelberg. Wensing legt seine Forschungsschwerpunkte auf die Einführung von evidenzbasierten Verfahren, Organisationen der Gesundheitsversorgung und die Berücksichtigung der Bedürfnisse der Patienten.

Dr. Peter Wieloch ist Leiter des Clinical Trials Lab und Mitglied der Unternehmensleitung bei Bioscientia. Er ist Mediziner und war mehrere Jahre klinisch und wissenschaftlich in der universitären Forschung sowie der Auftragsforschung tätig.

Dr. Markus Wübbeler studierte Gesundheits- und Pflegewissenschaften und wurde 2015 an der Universitätsmedizin Greifswald promoviert. Nach einem Post-Doc an der Harvard Medical School ist er seit 2017 Vertretungsprofessor für Gerontologie und seit 2018 für das Gebiet Klinische Pflegeforschung an der Hochschule für Gesundheit in Bochum. Er ist seit 2016 Sprecher der Jungen Akademie. Zu seinen Forschungsschwerpunkten zählen: Demografieorientierte Versorgungsforschung, Integrierte Versorgung mit dem Schwerpunkt Neurodegenerative Erkrankungen, Transdisziplinäre Versorgungsmodelle.

Dr. Désirée Wünsch wurde 2015 im Fach Biologie an der Johannes Gutenberg-Universität Mainz promoviert und arbeitet seitdem im Bereich der translationalen Krebsforschung an der Universitätsmedizin Mainz. Dort leitet sie die Nachwuchsgruppe *Proteases in Disease*. Ihre Forschung beschäftigt sich mit der Untersuchung von krankheitsrelevanten Proteasen, welche potentielle Angriffspunkte für neuartige Therapien darstellen. Des Weiteren untersucht sie aktuell, wie grundlegende Mechanismen von Krebserkrankungen, beispielsweise die Ausbildung von Metastasen durch im Blut zirkulierende Tumorzellen, diagnostisch und prognostisch nutzbar gemacht werden können.

Dr. Ina Zwingmann studierte Psychologie an der Technischen Universität Dresden und wurde dort 2016 promoviert. Seit 2016 forscht sie am Deutschen Zentrum für Neurodegenerative Erkrankungen im Bereich der Versorgungsforschung von pflegenden Angehörigen von Menschen mit Demenz. Ihre Forschungsschwerpunkte liegen bei der Interkulturellen Führungsforschung, Versorgungsepidemiologie und Gefährdungsanalyse psychischer Belastungen.